アジア自動車市場の変化と日本企業の課題

小林英夫
Hideo Kobayashi

地球環境問題への対応を中心に

社会評論社

アジア自動車市場の変化と日本企業の課題
地球環境問題への対応を中心に

目次

序章●**課題と方法** ———————————————————— 9
 （1）課題／9
 （2）研究視角／10
 （3）本書の構成／11
 （4）自動車・同部品産業の研究史／12

第1部　アジア自動車市場の変化と日本自動車産業

第1章● **自動車・部品産業の歴史と現状** ———————————— 17
 （1）自動車大国・アメリカの出現／17
 （2）戦後の欧米自動車産業／18
 （3）アメリカ自動車産業の凋落／19
 （4）緩やかな回復と新興市場の台頭／24
 （5）BRICs躍進の理由／27

第2章●**日本の自動車・部品産業の歴史と現状** ———————— 31
 （1）戦前・戦後（1907～2000年代）の歩み／31
 （2）2009年以降の日本自動車産業／38

第2部　地域振興と自動車・同部品産業

第1章●**日本の自動車・同部品産業と地域振興** ———————— 47
1　日本自動車部品産業と地域産業振興 ———————————— 47
 はじめに／47
 （1）各国経済での自動車・部品産業の位置／48
 （2）日本国内での自動車生産の現状／49
 （3）自動車・同部品産業の3つの特性／52
 （4）自動車・部品産業と産地形成の特徴／54
 （5）地域経済での自動車・同部品産業の位置／59
 （6）後退期のなかでの「グローバル拠点」の形成／61
 （7）「グローバル拠点」化に対応した開発拠点での自動車部品産業の再編／64
 （8）「グローバル拠点」化に対応した開発拠点での自動車部品産業の課題／67
 （9）「グローバル拠点」化に対応した生産拠点での自動車部品産業の課題／69

おわりに／72

2　東北地区における自動車産業集積 ──────────── 73
はじめに／73
（1）東北地区における自動車産業集積の現状と課題／73
（2）東北地区が抱える問題点／80
（3）東北産業集積に向けた地域行政の動き／81
（4）東北各県企業の取組み／83
（5）参入への取組みの事例／84
（6）東北部品企業の将来像／86
おわりに／87

3　北部九州地区の産業集積 ─────────────── 88
はじめに／88
（1）北部九州地区における自動車産業集積の現状と問題点／88
（2）北部九州地区における自動車部品産業の現状／92
（3）北部九州の産業集積に向けた地域組織の動き／102
おわりに／104

4　関東地区における自動車・部品産業の実情と課題 ───── 106
はじめに／106
（1）関東地区の自動車産業の発展過程／106
（2）産業集積の実情／108
（3）関東地区自動車部品産業の展開／111
（4）カルソニックカンセイの事例研究／115

5　中部・東海地区における自動車・部品産業の実情と課題 ── 121
はじめに／121
（1）中部・東海地区の自動車産業の発展過程／121
（2）産業集積の実情／123
（3）中部・東海地区自動車部品産業の展開／124
（4）KYBの事例研究／128

6　地域産業と空洞化問題 ─────────────── 131
はじめに／131
（1）自動車産業と地方産業空洞化／131
（2）電機産業と自動車産業／132
（3）今後の自動車産業と空洞化／133

第2章 ●飛躍するアジア自動車・同部品産業と地域振興 ── 134

1 競争力を増す韓国自動車産業と地域振興 ── 134
  (1) 好調を持続する韓国自動車産業／134
  (2) 2008年後半以降の韓国自動車産業／135
  (3) 韓国自動車産業の産業集積／137
  (4) 新しい産業体系の模索──現代MOBISの位置と役割／142

2 飛躍する中国自動車市場と地域振興 ── 144
  (1) 飛躍する中国自動車生産／144
  (2) 中国政府の政策／146
  (3) 激しい企業間競争とトップ4の形成／146
  (4) 中国自動車産業集積の形成／148
  (5) 中国自動車部品輸出入状況／150
  (6) 急速なEV車化の動き／153
  (7) 万向集団の電動化の動き／154

3 飛躍するインド自動車市場と地域振興 ── 155
  (1) 飛躍するインド自動車生産／155
  (2) インド自動車部品産業の現状／159
  (3) 日イ自動車部品の輸出入状況／160

4 アセアン自動車市場と地域振興 ── 161
  (1) 通貨危機以前のアセアンの自動車産業／161
  (2) 通貨危機後のアセアン自動車産業／162
  (3) アセアンの部品産業の現状／163

第3章 ●成長するアジア市場への日本の対応 ── 166
  (1) 日本に挑戦する新しいアジアでの物づくりの型／166
  (2) 日本自動車部品企業の対応──品質管理体制の統合的一元化／167
  (3) 伝統的な対中進出企業の例（Ⅰ）──ブレーキメーカーを中心に／171
  (4) 対応の事例（Ⅱ）──事例の一般化／178

第3部 地球環境問題と自動車部品産業

第1章 ●車作りと地球環境問題 ── 183
  (1) 課題／183

（2）自動車産業の環境対応の歴史と現状／184
　（3）日本の環境エネルギー戦略／188
　（4）自動車メーカーの環境エネルギー戦略／192
　（5）開発途上国への環境支援策／195

第2章●日本とアジアの自動車産業の環境対応 ── 199
　はじめに／199
　（1）日本自動車産業の環境対応／200
　（2）ハイブリッド車（HV）／203
　（3）電気自動車（EV）／204
　（4）部品企業への影響／207
　（5）中国自動車産業の環境対応／212
　（6）中国HV車──比亜迪（BYD）／215
　（7）中国のEV車（Ⅰ）──S公司／220
　（8）中国のEV車（Ⅱ）──五征集団／223

終章●日本的生産システム対アジア的生産システム ── 227
　（1）アジア的生産システム／227
　（2）日本的生産システム──トヨタシステムの「改善」方策／228
　（3）EV車の発展の可能性／229

参考文献／231

あとがき／237

序　章 ● 課題と方法

（1）課題

　アジア自動車市場が世界の注目を集めている。特に中国市場は、サブプライム・ローン問題を機に冷え込んだ日米欧などの先進国市場を尻目にいち早く回復をとげ、2009年には中国の自動車生産台数は1000万台を突破し、アメリカを抜いて世界最大の自動車市場へと躍り出た。インドもその例外ではなく、2009年には前年同月比で2ケタ増で、年末までに生産台数は240万台前後となる。
　では、日本の自動車・同部品企業は、この巨大市場とどのように向き合えばいいのか。世界のトップを行く日本のカーメーカーは例外なく中国市場に進出し、該地で自動車生産を実施しているが、必ずしも上手に市場を把握しているとは言えず、マーケット・シェアの拡大に苦慮している企業が多い。また、自動車は2万～3万点の部品から構成されており、それ故に日本の部品企業にとっても巨大市場が開けているのだが、これまたカーメーカー同様にこの巨大市場を攻めあぐねている状況にある。さらに、2010年1月に北米で起きたトヨタ自動車のブレーキの不具合に対するリコール問題は、中国、ヨーロッパに拡大し、700万台を超える車輌の修理と1000億円を超える修理費用が必要となり、1700億円の減収をもたらすと伝えられている（「日刊工業新聞」2010年2月3日、「日本経済新聞」2010年2月5日）。国際化し、かつIT化している生産体制をどう全社的にコントロールし品質保証を維持するか、会社のブランドをどう良好に維持すればいいのか、といった古くて新しい問題が、再度提示された事件だったといえよう。
　本書は、日本自動車産業の現状を概観した上で、自動車生産地域の動きを検討し、さらに、近年顕著になってきている新しい変化に着目する。それは、自動車のハイブリッド化、電動化にともない自動車生産地域に如何なる変化が生じているか、という問題である。次に2009年に世界最大の自動車生産国となった中国

を含むインドや韓国といったアジア各国の自動車生産に光を当て、ここで生じている変化——自動車生産の廉価化や電気自動車の普及、モジュール化の進行など——を考察する。このアジア諸国で勃興、新興している変化を比較対照した上で、日本の自動車・同部品企業のアジア市場への対応策を考察する。

(2) 研究視角

　本書の目標は、これまでの「アジア市場」、「地域振興」、「環境」研究を自動車・同部品産業との関連で再整理し、その統合の上で同産業の行く末を提示する点にある。その点で、我々は、3つの優れた分野の研究成果を共有している。1つはアーキテクチャー論の視点から自動車産業の特徴と「世界市場」での日本自動車産業の国際競争力の強さを指摘した藤本隆宏の一連の研究であり、いま1つは、日本の中小企業を主体にした渡辺幸男らの産業分析論や地域での企業活動実態を詳細な実地調査で抉り出した関満博の一連の研究であり、それらは本書の枠組では「地域振興」研究に位置づけられるものである。3つは「環境」的視点で分析した佐和隆光ら編『岩波講座　環境経済・政策学』全8巻（岩波書店、2002～2003年）である。しかし3つの分野研究は、ともに自動車・同部品産業研究という点では、若干の問題点を内包している。特に軸になる藤本の研究は、「物づくり」の現場から発してその強さの秘密をえぐり出した点は優れているが、産業全体の強さや地場産業との連携を考えたとき部品産業への視点や異業種連携に対する視点は十分とはいえない。逆に渡辺や関の研究は中小企業や地場産業を意識した研究にはなっているが、ネットワークのなかに自動車・同部品産業の強弱ははめ込まれていない。同様の意味で、佐和たちの研究も自動車・同部品産業に関して言えば、資源のリサイクル問題に焦点が当てられており、それ以外への広がりは薄い。

　そこで、本書は、これらの研究を貴重な財産としながらも、さらに地場の産業振興の視点から自動車産業の意味と役割を検討し、近年重視され始めている「環境」問題への視点を加味しつつ地場自動車部品産業の変化と育成方策を検討する。そして、これを踏まえたうえで、「アジア市場」における比較優位をどう構築するか、という視点から中国市場との比較を通じて、日本企業の行動の長所と短所

の検討を試みる。なお類似の視角から分析した先行研究に藤原貞雄『日本自動車産業の地域集積』(東洋経済新報社、2007年)がある。自動車産業集積のケース分析としては参考にすべき点は数多く「地域振興」と空洞化問題という点では筆者と問題意識を共有するが、「地域振興」に加えて「アジア市場」、「環境」という視点を加味した筆者の視点とは、やや隔たりがある。しかし「自動車産業の地域集積に限っていえば、体系的な先行研究は少ない」(同上書、7頁)という指摘には共感するところが多い。

(3) 本書の構成

　本書の意義は、「物づくり」研究、中小企業研究、地域経済研究、環境研究をインテグレートして、地域振興と自動車・同部品産業の関連を研究することにある。研究に先立ち、ここであらかじめ「地域」なる概念を明確にしておくこととしたい。それは、本書の章別構成に深く関わるからである。ここで取り扱う地域とは、必ずしも地方自治体を意味しない。ここで「地域」を概念規定しておくとすれば、本書では、「地域」とは長期持続的な政治・経済・文化的ネットワークを維持もしくは拡大できた領域もしくは範囲を意味している。したがって、この概念は1国ごとに仕切ることはできないし、同じ1国内でも地方行政単位で仕切ることもできない。なぜならネットワークは、国を超え、地方自治体を超えた広がりを見せているからである。

　本書は、大きく3部から構成される。第1部は、自動車・同部品産業の現状とその到達点までの足跡を明確にすることである。自動車産業の現在位置を確定すると言い換えてもいいであろう。したがって、自動車・同部品産業の発展史と問題点、その克服の道のりを跡付けている。

　第2部は、地域振興と自動車・同部品産業の関連である。地域振興に果たした自動車産業の役割と2009年以降顕著となった環境問題と環境対応のハイブリッド(以下、HVと表記)車、電気自動(以下、EVと表記)車のウエイトの向上とそれへの地場の対応の現状を分析する。

　第3部は、環境問題と自動車・同部品産業の現状と課題である。HV車やプラグイン・ハイブリッド(以下、PHVと表記)車さらに燃料電池(以下、FCVと表記)

車の現状と問題点、さらにはアジア市場での動向を分析し、今後の将来性を占う。

(4) 自動車・同部品産業の研究史

　ここで、自動車・同部品産業の研究史をごく簡単に整理しておくこととしよう。日本の自動車産業が欧米と肩を並べる1980年代以前、日本自動車産業の研究はその数も少なく、あってもその多くは概説の域を出るものではなかった。中村静治『日本自動車工業発達史論』(勁草書房、1953年)、永礼善太郎・山中秀雄『日本の産業シリーズ　自動車』(有斐閣、1961年)、奥村宏・星川順一・松井和夫『現在の産業　自動車工業』(東洋経済新報社、1965年)などがそれだが、多くは先駆的研究の制約も手伝って、産業の概説や現状の紹介の域を出るものではなかった。
　そうしたなかで、経営史的観点からアメリカ自動車産業に光をあてて分析した下川浩一『米国自動車産業経営史研究』(東洋経済新報社、1977年)は1980年代アメリカと並んで日本が世界最大の自動車生産国に浮上する時期を反映した著作だったともいえよう。「米国自動車産業を今日有らしめた歴史のダイナミズムの中における革新的企業主体の活動と資本運動の展開のからまり合いを管理技術の発展を媒介に究明すること」(ii頁)に下川の問題意識は置かれていたが、その背後には創生期アメリカ自動車産業がもっていた革新力が何故に喪失し停滞していったか、という問題関心が伏在していた。まさに停滞期のアメリカ自動車産業と80年代躍進を開始する日本自動車産業のコントラストを意識した著作だったといえよう。上記の下川の問題意識は、その後の彼の著作『「失われた十年」は乗り越えられたか——日本的経営の再検証』(中公新書、2006年)、『自動車ビジネスに未来はあるか?——エコカーと新興国で勝ち残る企業の条件』(宝島新書、2009年)、『自動車産業危機と再生の構造』(中央公論新社、2009年)という氏の息の長い研究作業にも引き継がれていく。
　また、80年代までの自動車部品産業に関する多くの研究は、松井幹雄『自動車部品』(日本経済新聞社、1988年)などを除けば、産業そのものというよりは、中小企業論の一環として系列取引問題のケースとして取り上げられることが多かった。戦前来の二重構造論やその延長戦上のピラミッド構造論、さらには近年サプライヤーの多様性に視点を当てた山脈構造論(渡辺幸男『日本の機械工業の社会

的分業構造——階層構造・産業集積からの下請制把握』有斐閣、1997 年）などサプライヤーサイドから分析した注目すべき研究も出てきたが、自動車・部品産業そのものに焦点を当てたものではなかった。また自動車部品産業を含む中小企業論の視点から植田浩史、黒瀬直宏、三井逸友らの研究がある。そのなかで、サプライヤーシステムの見直しを示唆した植田浩史『現代日本の中小企業』（岩波書店、2004 年）は、高度成長に裏付けられて日本の中小企業を支えてきた長期取引関係が、90 年代以降の低迷下で不安定化するなかで、中小企業の技術力や努力の成果をそのつど正当に評価できる新取引システムの確立の必要性を述べている。サプライヤーシステムは、二重構造論把握から出発した中小企業論とともに、市場コストの視点を取り入れた研究もある。ウイリアムソンやコース、佐藤芳雄、鶴田俊正、伊藤元重がそのような研究を行い、また「市場と組織」の二分論では律しきれない日本の系列取引を中間組織論の視点から研究する動きも現れた。さらに地域経済論の視点から中小企業論に接近している注目すべき研究に関満博の一連の研究がある。関の研究の特徴は、その詳細なデータ解析にあるが、『フルセット型産業構造を超えて——東アジア新時代のなかの日本産業』（中公新書、1993 年）に見られるように中小企業政策への提言を含んだ著作も上梓している。

しかしこれらの研究はいずれも自動車・部品産業を視点には入れてはいるが、該産業そのものを検討の対象としたものではなかった。

80 年代日本自動車産業が国際化の時代を迎え、その卓越した国際競争力が欧米研究者に注目され始めると産業そのものに焦点を当てた経営学的視点からの研究書が増え、国際的規模での共同研究も現れた。その代表例がジェームズ・P・ウオマック、ダニエル・ルース、ダニエル・T・ジョーンズ『リーン生産方式が、世界の自動車産業をこう変える』（経済界、1990 年）であった。これは 88 年にマサチューセッツ工科大学の国際自動車研究プロジェクトが発表した日・米・欧主要自動車工場の生産性調査報告だった。調査結果は、組立工場の生産性は日本が圧倒的な差をもって第 1 位、ヨーロッパは最低、アメリカはその中間だった。そしてこの日本の生産方式を「リーン生産方式」と名付けたのである。その後「リーン生産方式」を導入した欧米企業は急速に国際競争力を回復していった。一方日本の自動車産業はといえば、逆に 90 年代からのバブル崩壊の影響とあいまって、トヨタ、ホンダを除く日産、三菱自動車、マツダなどが相次いで経営不振に

陥り、復活成った欧米企業の資金的支援を受けることとなる。1990年代に入るとこうした苦境に見舞われた日本自動車産業の現状とこれを克服する新たな道の模索に関する研究が出てくる。その代表的著作が、藤本隆宏『能力構築競争――日本の自動車産業はなぜ強いのか』(中公新書、2003年)、同『日本のもの造り哲学』(日本経済新聞社、2004年)であった。これらの書物で藤本は、まずこの10年、日本の製造業論議は、極端な自信過剰から極端な自信喪失に揺れ動いた、と特徴付けた上で、その理由は「もの造り戦略論」が欠如していたからで、「現場発のもの造り戦略論」があればこうしたことは無かったはずだと断ずる。「現場発」のキーワードは「摺り合わせ型」(インテグラル)と「組み合わせ型」(モジュラー)の区分である、とする。前者は部品を微妙に相互調整しないと機能が発揮できないもので、自動車部品などの場合がそれに該当する。後者はたくみに寄せ集めると最終製品となるもので、多様な会社のものを寄せ集める「オープン・モジュラー」型と「社内共通部品」を寄せ集めて作る「クローズド・モジュラー」型に分かれるという。「インテグラル」は、チームワーク重視の日本企業が得意とし、「モジュラー」は移民社会の歴史を有するアメリカが得意とする。したがって自動車・部品産業は、日本製造業の特徴が生かされた得意分野で、こうした「強い現場」を支える「強い本社」が作られるならば、日本製造業復活・強化の日は遠からず実現する。これが藤本の描いた処方箋の骨格だった。藤本のこうしたサプライヤー・システムの特徴把握は、「関係的技能」という概念で「承認図」、「貸与図」部品をカテゴライズした浅沼萬里『日本の企業組織――革新的適応のメカニズム』(東洋経済新報社、1997年)にも通ずる発想であった。

　しかし、2009年以降、1970年代、90年代に続いて3回目といわれるEV車ブームが到来し、地球環境問題の深刻さと共に、自動車産業もこれに応える必要性が生まれてきている。そして、このEV車ブームは、自動車産業にプロダクト・イノベーションを生む可能性を秘めているという意味で(クレイトン・クリステンセン(伊豆原弓訳)『イノベーションのジレンマ――技術革新が巨大企業を滅ぼすとき』翔泳社、2000年)、それが、深く静かに底辺で進行している中国市場に光を当てる必要性も生みだしてきているのである。こうした点に関しては「書評・紹介　地球環境問題と自動車・同部品産業」(『早稲田大学日本自動車部品産業研究所研究紀要』第4号、2010年3月)を参照願いたい。

第 1 部　アジア自動車市場の変化と日本自動車産業

第1章 ● 自動車・部品産業の歴史と現状

（1）自動車大国・アメリカの出現

　ここでの課題は、1世紀以上にわたって、ガソリンエンジンを動力に「走る」・「曲がる」・「止まる」という基本構造を変えなかった自動車産業の歴史を概観し、2000年代に顕著となった動力源の電動化にともなうHV、PHV、EV化の新しい動きの歴史的位置を確定することにある。

　自動車産業の歴史は、ヨーロッパにその端を発している。1889年にはパナール・エ・ルパッソール社がダイムラーのエンジンの製造販売権を取得して1891年には今日のイメージに近い自動車の生産を開始し、同年プジョーが、1898年にはルノーが生産を開始、こうして1900年代初頭にフランスが欧米一の自動車生産大国へと成長したからである。その後、ヨーロッパでも各国に代表的なカーメーカーが成長していった。イギリスでは第1次大戦以前にすでにローバー、オースチン、モーリス、ロールスロイス、ボグゾールなどが設立され、フランスでもシトロエン、プジョー、ルノーが、イタリアではフィアットが、ドイツでは1938年にフォルクスワーゲン（VW）が誕生している。こうして1939年から始まる第2次世界大戦において、馬匹に代わり自動車が主要な運搬兵器となるなかで、ヨーロッパ各国の自動車企業は、主要な軍需企業として活動することとなる。

　部品企業もドイツではヨーロッパ最大のメーカーのボッシュが1880年代に誕生し、イギリスでは電装品のルーカスが、フランスでは1910年にヴァレオが生産を開始し、自動車生産を高める動きが積極化した。一般にヨーロッパでは部品企業の独立性が強く、系列性が稀薄だが、その傾向は特にドイツでは顕著だった。

　しかし大きい流れとして、第1次大戦後は、世界の自動車生産の中心地はアメリカへと移行する。アメリカの自動車生産を担ったのは、1908年フォード社が売り出したT型車だった。操作が簡単なだけでなく安価で堅牢な実用本位の大

量生産車のT型車は、折からのアメリカでのモータリゼーションの波に乗って急速に普及し、車のイメージをぜいたく品から生活必需品へと変えた。これと前後して1908年にはGMが、25年にはクライスラーが誕生している。フォード、GM、クライスラー3社は、お互いに競争し合いながら中小メーカーを合併し第1次大戦から世界恐慌を経た1930年代以降アメリカ市場を3社が独占するかたちとなった。そして第2次世界大戦中の42年以降45年まで、アメリカは、連合国の「兵器廠」として軍需生産の中心国となり、連合国の軍事車輌供給を一手に引き受けたため、一時的だが民需用の乗用車はその生産を停止した。

(2) 戦後の欧米自動車産業

　第2次世界大戦が終了した1945年8月以降、戦後世界経済の中心に位置したアメリカでの自動車生産は50年代に700万台に達し、大型化、高級化が進行した。しかし60年代に入ると小型化が進行し、排気ガス規制など公害問題が表面化した。そして70年代になると第1次石油危機のなかで石油価格が高騰、小型車需要が拡大した。この傾向は79年に起きた第2次石油危機による原油価格の高騰によって加速化された。大型車を中心に生産と販売を展開してきたアメリカのGM、フォード、クライスラーのビッグ3は、経営不振に陥り、79年にクライスラーは連邦政府の救済を受けるまでに業績が悪化した。

　1980年代になるとアメリカ企業は経営の合理化に乗り出す。不採算の工場の閉鎖や人員の削減、生産管理の徹底を通じて経営状況の改善を図ると同時に、アメリカ政府も対日貿易規制を通じて日本車の対米輸入に制限を加えて、アメリカ企業の立ち直りを側面から支援した。トヨタ、ホンダ、日産などの日本企業は、輸出を現地生産に切り替えて対米市場の確保に努めることとなる。

　ヨーロッパでも戦後復興のなかで、自動車生産は重要な役割を果たした。戦後に世界最大の自動車輸出国となったのはイギリスだった。1950年には生産台数78万台、輸出台数54万台に達したのである。しかし60年代にはアメリカのビッグ3に対抗して国内メーカーの大同団結を図るが、労使紛争に石油危機が追い討ちをかけるなかで成功せず、80年代には外資誘致政策へと転換していく。60年代にイギリスに代わってヨーロッパの自動車生産を担ったのはドイツであった。

VWのビートルは欧州市場のみならずアメリカ市場でも人気を博し、75年に日本からの輸入車にその首位を奪われるまで、アメリカ市場での輸入車のトップは独製ビートルが占めた。フランスは戦時中ドイツに協力したルノーを戦後は国有化してこれを保護し、ルノー、プジョーの2大会社を育成した。国家保護のもとで両社は生産を伸ばし79年には361万台を生産し、ヨーロッパ乗用車市場を席巻した。しかしその後は設備の老朽化や労使紛争のなかで急速に生産を減じ巨額の赤字を抱える結果となった。しかし80年代後半になると合理化の推進とあいまって両社は黒字に転じ、ルノーは90年に民営化された。イタリアは戦後フィアットを軸に国家主導で再建をとげ、60年代に急速に伸び70年には185万台を生産しピークを迎えている。しかしその後は事業の多角化が裏目に出て自動車生産は低迷した。

戦後アメリカを中心に展開された世界自動車生産の概要は以上の通りだが、自動車部品産業はどのようであったか。

戦後アメリカは安定した部品供給を目的に垂直的統合を積極的に推し進めたが、その結果ビッグ3での内製化率が高まり、エンジンはおろかパワーステアリング、トランスミッション、ブレーキ、さらには電装品までが内製化されることとなった。ヨーロッパでは、イギリスやドイツのように自動車部品企業が独立して大きな力を持っているような国もあれば、フランスのようにその大半が中小企業からなる国もあった。イタリアの自動車部品メーカーは、実質的にはフィアットの支配下に置かれており、最大部品メーカーのマニェティマレッリは100％フィアットの子会社であった。

(3) アメリカ自動車産業の凋落

「ビッグ3」の退潮

1950年代以降世界の自動車生産は上昇を続けた。図1に見るように、北米中心だった自動車生産は、50年代から欧州が加わり、さらに60年代以降は日本が加わるなかで拡大をとげ80年代後半からはアジアでの生産が付加されるなかで7000万台生産へと拡大していった。そして08年には7310万2000台へと上昇した（日本自動車工業会『日本の自動車工業2008』）。

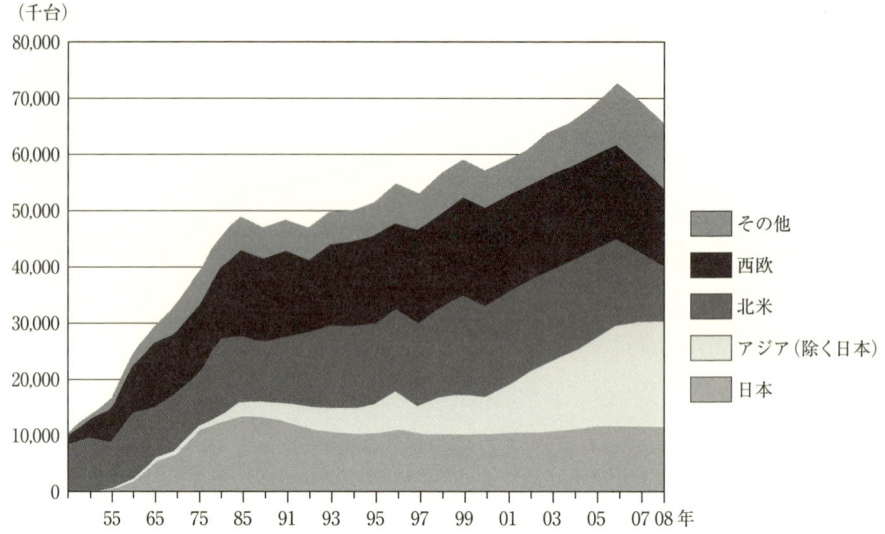

図1 世界自動車生産推移（単位：千台）

出典：OICA: Intarnational Organization of Motor Vehicle Manufactures, *statistics Data*. 2008.

　しかしこの間生じた変化を見れば、各時期、各地域ごとに特色ある車作りが展開されたことである。50年代からの北米主導の大型車中心の大量生産、60年代以降の欧州主導の小型車中心の多品種生産、そして70年代以降の日本主導の小型車多品種で、燃費性能良好な車生産の道だった。こうした車づくりの道の変化とともに、大型車中心の北米生産に退潮が見られ始める。それは「ビッグ3」と称されたGM、フォード、クライスラーが確実にそのシェアを下落させ、その一角にトヨタが浮上してきたことに象徴的に現れている。2001年における「ビッグ3」の世界市場に占める自動車生産台数は1691万4000台に達し、世界全生産台数の30.0％を占めていた。ところが4年後の05年における「ビッグ3」の生産台数は1720万6000台とこの間1.7％の伸びを記録したものの、世界全生産台数に占める比率は25.9％と4ポイントほど減少したのである（OICA: Intarnational Organization of Motor Vehicle Manufactures, *statistics Data*. 2001, 2005）。

　その理由は2000年代に入り、原油高と環境規制のなかで燃費性能が良く、省エネ型の小型車に強い日本メーカーが競争力を強め、韓国メーカーも急速に品質

向上を実現する中で「ビッグ3」の位置が相対的に落ち始めたことがあげられる。日本車躍進の典型はトヨタで、トヨタは「ビッグ3」の一角に食い込みフォードを抜いて世界第2位の生産台数を誇り、さらに07年には世界の覇者GMに僅差まで追い上げ、GMのラッツ元副会長をして「トヨタは危険な競争相手」(「日本経済新聞」2007年2月28日）だと言わしめたのである。逆に、かつて「ビッグ3」の一角を占めていたダイムラー・クライスラーはダイムラーが北米クライスラー部門を投資ファンドに売却、「世紀の合併」といわれた両社の結合も1998年から数えて9年目で相乗効果も出せないままにその終焉を迎えた。GM、フォード、クライスラーの「ビッグ3」は、クライスラーが抜けて代わりにトヨタが入るかたちで「デトロイト3」が新たに形成されたのである。

「ビッグ3」の崩壊

2008年末になるとこの動きに新たな変化が加わった。それは、アメリカ発のサブプライム・ローン問題の発生と拡大のなかで、世界最大の自動車市場だった北米も金融バブルが崩壊し、自動車生産が大幅に落ち込んだからである。2008年10月以降下落を開始した生産は、2009年初頭には300万台とボトムを記録した。その後回復期に入ったが、09年9月でも600万台で08年初頭の900万台と比較して7割程度の状況にある（図2）。それ以前から、「ビッグ3」は、原油の高騰、環境規制の強化の中で、燃費性能の良好な日本車などにシェアを食われて危機状況にあり07年12月にはついに世界自動車生産台数で、77年ぶりに首位の座をトヨタに譲り渡した。しかしそのトヨタも円高の影響を受け北米市場のみならず途上国市場の低迷が響いて業績の大幅下方修正を迫られていた。

そのなかでの08年後半のサブプライム・ローン問題の発生は「ビッグ3」に大きな打撃を与え09年4月にはクライスラーが、6月にはGMがそれぞれ米連邦破産法11条（日本の民事再生法）の適用を申請、6月には新生クライスラーがフィアットと提携して再建の道を歩み始め、GMも米・カナダ両政府が合計400億ドル近い追加融資を実施、新生GMの72%を保有する事実上の国有化を実施する一方、破産法による大幅な債務カットを進めるかたちで再建の道をスタートさせた。新生GMはこれまで10以上あったブランドをキャデラック、シボレー、ビュイック、GMCの4つに絞り、アメリカの工場も47から34に縮小、

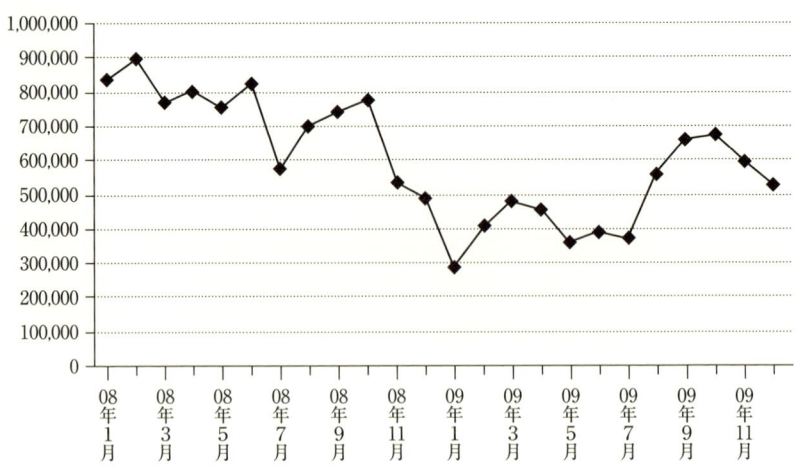

図2　アメリカの自動車生産（単位：台）

出典：FOURIN、『世界自動車調査月報』第282号（2009年2月）、第285号（20009年5月）、第290号（2009年10月）、第294号（2010年2月）より作成。

自動車販売台数も400万台まで縮小させた。さらにGMは8月には1984年トヨタと折半出資で設立した合弁生産会社NUMMI（カルフォルニア州）の生産打ち切りを決定した。また11月にはフィアット傘下に入ったクライスラーのマルキオーネ最高経営責任者（CEO）が小型車中心の効率的経営を徹底化させる再建計画を発表した（「日経産業新聞」2009年11月6日）。唯一フォードだけが公的資金の注入を受けることなく企業再建の道を歩むことができたが、マツダ、ローバーなどの有名ブランドの売却を決定した。これが「ビッグ3」の崩壊である。彼らを破綻に導いた根本的要因は、技術開発投資を怠り、もっぱら利益率の高い大型高級車の生産に集中し自動車購入ローンを主体にしたファイナンスに収益の重点を置いた点にある（下川浩一『自動車ビジネスに未来はあるか？――エコカーと新興国で勝ち残る企業の条件』宝島社新書、2009年、第2章）。

　「ビッグ3」の動向に象徴される北米自動車メーカーの不振の影響は、部品メーカーに深刻な影響を与え、日系部品メーカーだけ見てもカルソニックカンセイ米国カルフォルニア工場の閉鎖、プレス工業のミシシッピー、テネシー工場閉鎖などを生んでいる。

図3 フランスの自動車生産（単位：台）

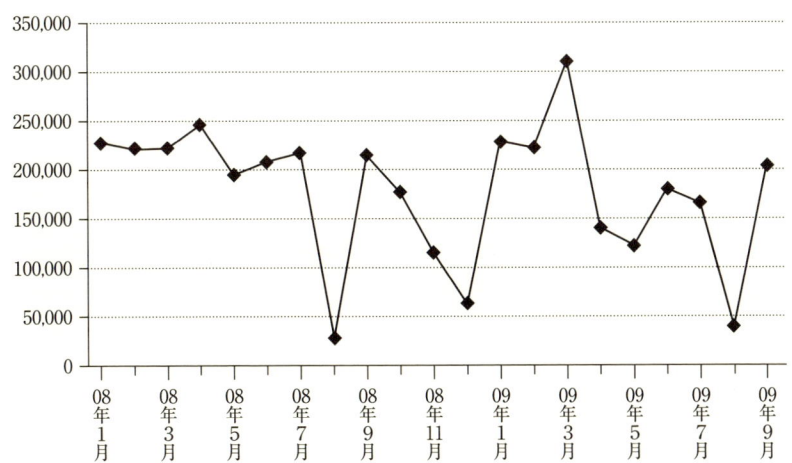

出典：同上。

図4 ドイツの自動車生産（単位：台）

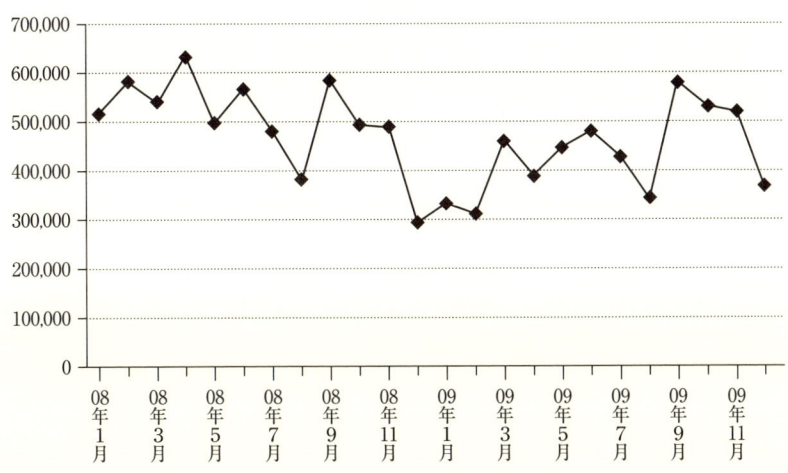

出典：同上。

不振にあえぐのは日米だけでなく欧州もその例外ではなかった。特にフランスの落ち込みが大きく（図3）、一時は2大自動車メーカーであるルノー、シトロエン両社も減産に追い込まれ、ドイツのBMW、ダイムラーも販売台数の減少のなかで、減産、人員削減を強いられた（図4）。しかしEUの欧州委員会は、08年11月自動車業界の苦境救済のため50億ユーロ（約6300億円）の支援を実施することを決定した（「日本経済新聞」08年11月27日）のを手始めに強力な買い替え需要財政支援を開始し、その結果VWなど欧州メーカー各社は、09年春から業績を回復し始めている。アメリカでもフォードは、2009年の通算決算では最終損益26億9900万ドル（約2400億円）と4年ぶりの黒字を計上し、経営危機脱却にめどをつけた。

（4）緩やかな回復と新興市場の台頭

　2009年前半、日本の自動車関連各社はその不況対策に奔走した。在庫調整、期間工の削減などを手始めに社長、役員賞与の削減、購入費、残業費、研修費、出張費の削減、ワークシェアリングの実施、コストのかかる現地出向者の削減、

図5　日本の自動車生産（単位：台）

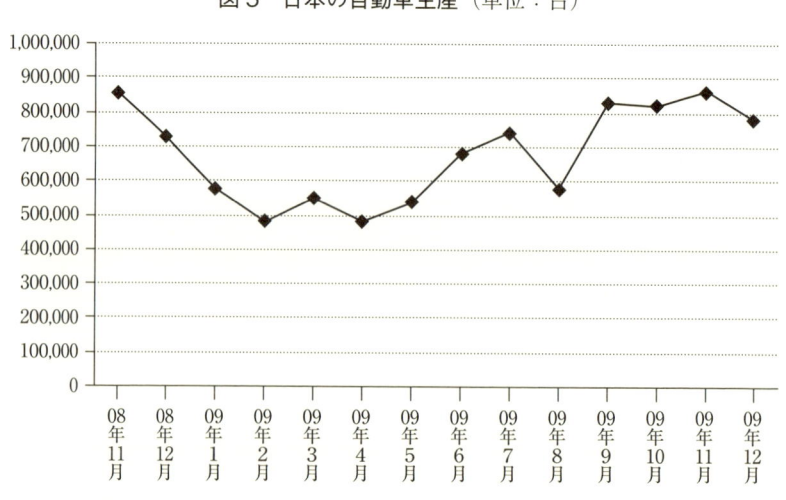

出典：日本自動車工業会HPより作成。

キャッシュフローの確保、与信管理の徹底など矢継ぎ早であった。その結果、2009年春以降ゆるやかだが生産の回復がみられた（図5）。

また目を世界の自動車生産に転ずると、BRICsと称されるブラジル、ロシア、インド、中国の成長が著しい。BRICsの顕著な成長は2000年代に入って一層鮮明になり、2007年段階で日本、米国はいずれも1160万台、1078万台、ドイツは621万台を上下するラインで生産を展開しているのに対して、BRICs4ヵ国合計で約1582万台と日本、アメリカを凌駕する生産台数を記録した。

なかでも2000年代に入ってからの中国の自動車生産台数の増加が著しく、BRICs4カ国の中でも最大の自動車生産台数を誇り、BRICs全体の56.1％に当たる888万台強を中国が生産していたが（日本自動車工業会『日本の自動車工業2008』）、2009年の世界同時不況にもかかわらず、旺盛な内需を政府の補助金政策が刺激するかたちで、09年4月以降急速な回復を見せ、低迷が続く北米市場を抜いて世界第一の自動車生産国へと浮上した（図6）。

インド、ブラジルもまた同年5月以降急速な回復過程をたどっていった（図7、8）。BRICsのなかでは、唯一ロシアのみ原油価格を始めとする原料価格の低落を受けて経済回復が遅れ、自動車生産の伸びも顕著ではない（図9）。

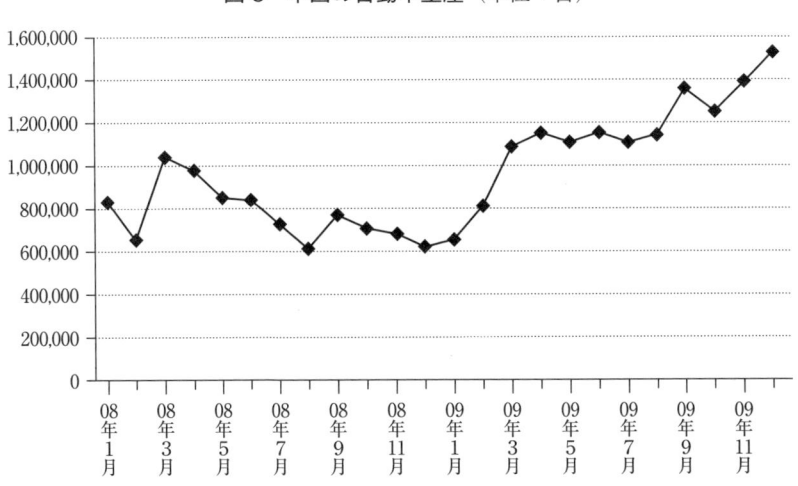

図6　中国の自動車生産（単位：台）

出典：図2と同じ。

図7　インドの自動車生産（単位：台）

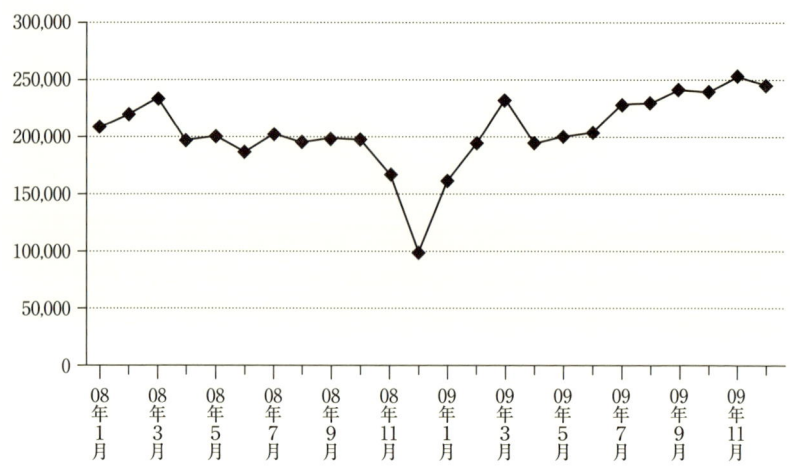

出典：同上。

図8　ブラジルの自動車生産（単位：台）

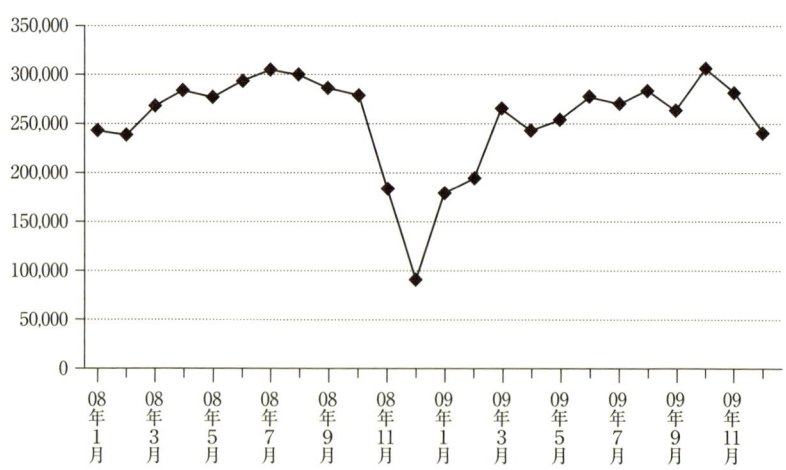

出典：同上。

図9 ロシアの自動車生産（単位：台）

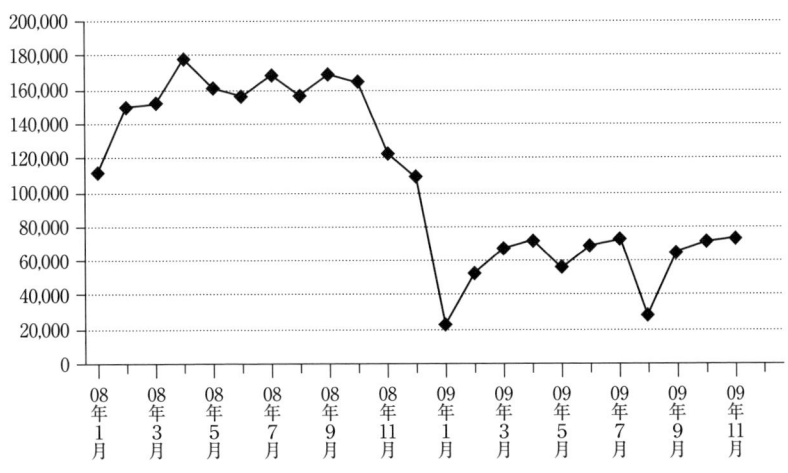

出典：同上。

　したがってアジアのなかでは中国とインドが飛びぬけて早い回復力をしめし、国内の旺盛な需要に支えられて新興市場を代表する自動車生産大国への道を歩み始めたのである。したがって今後中国を含むBRICsとどう向き合うか、対BRICs戦略をどう立てるかが、21世紀の日本のみならず世界の自動車・部品企業にとって必須の課題となる。とりわけ今後生産増強のみならず開発機能まで具備し内需のみならず世界市場へ輸出攻勢をかけてくることが予想される中国自動車企業とそこに部品を供給する在中国のTier1企業に対して、日本の自動車・同部品企業がどのような形で対応するかも今後重要な問題となる。

(5) BRICs躍進の理由

　では、なぜBRICsの自動車産業は、世界的不況の中でもその成長を持続できたのか。その謎を解いていくためには、なぜロシアを除くBRICs3ヵ国が世界同時不況下にもかかわらず高成長を持続できたのか、を明らかにする必要がある。そのためには、BRICs出現の理由を分析することが不可欠であろう。BRICs

という呼称が注目されたのは2003年10月ゴールドマン・サックス社の論文「BRICsとともに見る夢――2050年への道」(Dreaming with BRICs: Path to 2050)が発表されて以降のことである。その後2008年暮れのサブプライム問題で、いったんはBRICs熱は下火となったが、2009年後半にいたり再びロシアを除くブラジル、インド、中国が注目されてきている。共通するのは国土、人口が膨大で、したがって輸出力と内需力がともに大きく、外資主導で急成長を遂げ得たということにある（小林英夫『BRICsの底力』ちくま新書、2008年）。2009年に入り輸出が頓挫したものの、強力な内需力が効いて高成長を持続できたのがロシアを除くBRICs3ヵ国であった。この内需を支えたのが、政府の刺激策もさることながら、その受け皿となり、そして工業化の急伸の中で増加し続けた都市の新中間層

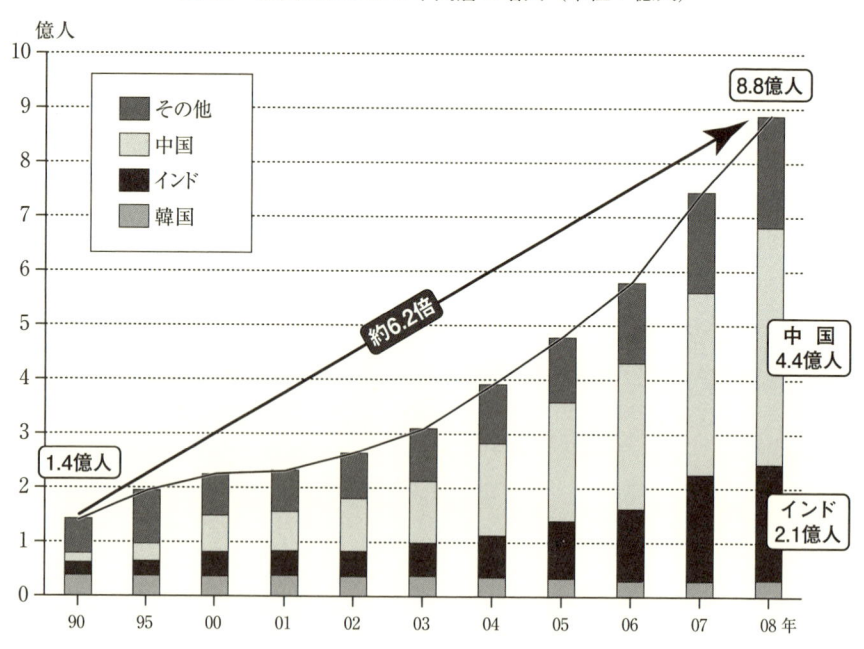

図10 新興国における中間層の増大（単位：億人）

注：世帯可処分所得5001ドル以上35000ドル以下の家計比率×人口で算出。
　その他とはベトナム、香港、マレーシア、タイ、シンガポール、フィリピン、インドネシア、台湾の合計。
出典：Euromonitar International, *Word Consumer Lifstyle Databook 2009* から野村総合研究所作成。

であった。彼らは、BRICs躍進のヒューマン・パワーとなり、かつ家電・自動車などBRICsの基幹産業を支える膨大な消費者としてその成長の担い手となっているのである。図10にみるようにアジアだけ見てもそこでの中間層の人口は、1990年の1.4億人から2008年には8.8億人へと約6.2倍に増加したが、8.8億人の内訳を見れば、中国が4.4億人、インドが2.1億人で最大の伸び幅だった。都市中間層の特徴は、①高学歴、②高技術所有、③核家族志向にあり、多くは夫婦共稼ぎで、育児・家事も夫婦共同で行う生活スタイルをもつ。彼らにとっては、電気掃除機、電気冷蔵庫、マイカーは、生活手段として必需品となる。工業化とともに生まれた中間層のために、国内市場でこうした耐久消費財が広い販売市場を有する理由である。そして、それは同時にBRICs市場に向けて世界の耐久製品メーカーが進出する所以でもある。

　自動車産業もこの旺盛な需要に支えられてその生産を増加させているのである。図11にみるように2005年の段階で世界の自動車保有台数は約9億台、うち

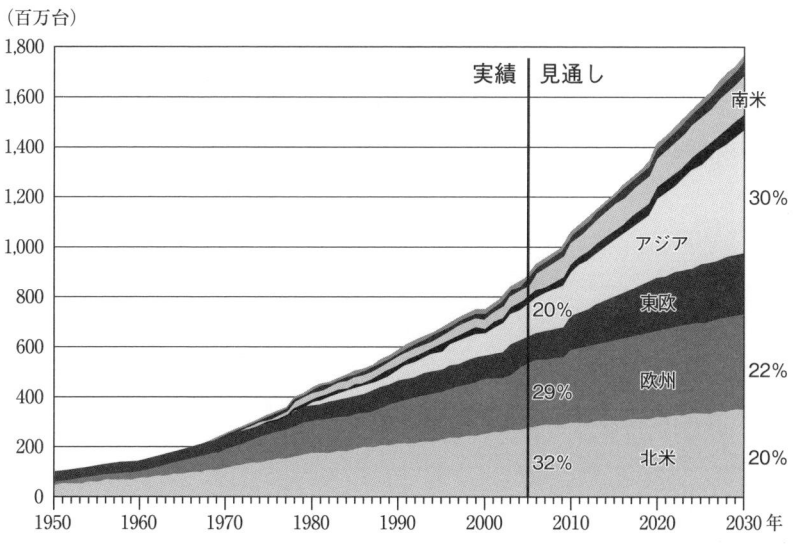

図11　世界自動車産業の生産実績と将来（単位：100万台）

出典：日本自動車工業会『日本の自動車工業』各年度版を基に日本自動車研究所研究員の湊清之氏が推計。

アジアの占める比率は1.03億台にすぎなかった。地域別保有台数比率をみれば、北米32％、欧州29％、アジア20％でアジアの保有台数は、北米、欧州の後塵を拝していた。

　しかし予想によれば、2030年には世界の自動車保有台数は約17.6億台に達するが、その内訳を見れば北米20％、欧州22％に対してアジアは30％に達すると推定されている。つまりはこの20年の間にアジア地域が世界最大の自動車保有地域になると予想されているのである。

　BRICsの躍進が生み出す変化は、ビッグ3の後退、順位変動だけにとどまらない。この間の大きな変化は、アジア自動車企業が目覚ましい成長を遂げ、世界自動車生産の中堅のポジションに彼らが顔を見せ始めたことである。2008年の自動車生産ランキングをみれば、トヨタ、GM、VW、フォードに、ホンダ、日産、プジョーが続き、8位に韓国の現代が、9位にはインド市場でトップを占めるスズキがランクインしている。そして15位に韓国の起亜、16位にマツダ、17位に三菱自動車、19位にインドのタタ、20位に中国の第一汽車、21位にスバル（富士重工）、22位にいすゞ、26位に中国の吉利、35位にインドのマヒンドラ・マヒンドラが続く（OICA: Intarnational Organization of Motor Vehicle Manufactures, *Statistics Data*, 2008）。トップグループのみならず中堅以下の裾野に広くアジア自動車企業が名を連ねているのである。

第2章 ● 日本の自動車・部品産業の歴史と現状

(1) 戦前・戦後（1907～2000年代）の歩み

　世界的な自動車・同部品産業の発展の歴史と現状の中で、日本の自動車・同部品産業はいかなる歴史的経緯を経て現況にあるのだろうか。以下、戦前と戦後の日本自動車・部品産業の歩みを跡付け、現状を見てみることとしよう。

戦前
　日本で始めてガソリンエンジン自動車が生産されたのは1907年のことで、吉田真太郎、内山駒之介による東京自動車製作所製の「タクリー1号」だといわれている。第1次大戦を契機に輸入車の数は増加するが、10社ほどあった国産自動車メーカーは質、価格ともに輸入車には対抗できなかった。当時自動車の重要性に着目したのは陸軍で、早くも1918年には「軍用自動車補助法」を制定してその育成に努めていた。20年代半ばにはフォードとGMがノックダウン工場を設立し生産を開始していたのである。36年には「自動車製造事業法」が制定される。これは、自動車企業を日本法人に限定し、かつ許可制にしたもので、この結果フォード、GMは日本からの撤退を余儀なくされ、代わりに豊田自動織機製作所（現トヨタ）、日産自動車、東京自動車工業（現いすゞ自動車）が認可を受けて自動車生産を行うこととなった。以降この3社を中心に戦前の日本自動車産業は主に軍需に依存して生産を行ったのである。この間もフォード、GMのノックダウン生産と関連した補助・補修部品生産を目的に部品メーカーが誕生し、さらに36年の「自動車製造事業法」と関連した部品産業育成政策のなかで、部品企業の数が増し、自動車メーカーとの間で下請関係が形成されていった。37年に日中戦争が勃発、それが41年にはアジア太平洋戦争へと拡大するなかで、自動車産業は、中心的な軍需産業として国家から手厚い保護・奨励を受けて生産拡

大を遂げた。しかし、43年以降は連合軍の攻勢のなかで海上輸送路が切断され、原料供給がままならず、木炭自動車や代用品で生産した自動車が輸送を担当した。そして45年以降は米軍の本土空襲の激化のなかで自動車・同部品工場が爆撃を受けることでヒト・モノ・カネの3面が枯渇し、生産を急速に減じ敗戦を迎えることとなった（小林英夫『「大東亜共栄圏」の形成と崩壊』御茶の水書房、1975年）。

1950年代

　1945年8月の日本の敗戦から50年までは、戦後復興の時期で、自動車産業には見るべきものがなかった。多くの企業は戦災からの復興に傾注し、自動車産業は修理を主体に細々と営業を続けていたにすぎない。49年のドッジラインを前後する時期の日本自動車企業は、いずれも倒産寸前の経営状況だった。これを救ったのが50年6月の朝鮮戦争の勃発と特需の発生だった。戦後自動車産業は、1950年以降の朝鮮特需による軍需関連品の大量注文と好況のなかで復活し、以降、官民挙げての欧米の最新技術や科学的管理法の導入のなかで、近代化を推し進めた。1950年10月には政府は「産業合理化審議会・自動車分科会」を発足させ、その答申書で合理化の推進目標を設定した。これを契機に標準作業や品質管理手法などのアメリカ式生産管理方式が導入されると共に、これを土台に、以降日本の文化や慣習を加味した日本的生産方式が案出されていった。通産省は52年には国産乗用車の育成方針を決定し、先進国との技術提携を模索して日産はイギリスのオースチンと提携したがトヨタは純国産の道を選択した。

　自動車部品産業も当初はアメリカ占領軍の車輛の補修からはじまり、需要の増加とともに新規創設、他業種からの参入、日本電装（デンソーの前身）や厚木自動車部品（日立ユニシアオートモーティブの前身）といったトヨタ、日産からの分社化などでその数を増し、やがてカーメーカーを頂点とするピラミッド的構造が形成されていった。しかし当時の部品企業の技術水準は低く粗悪品も多かったため、商工省は47年に「優良自動車部品認定規則」を制定、優良部品の認定を行うとともに、52年には「自動車部品等生産施設合理化補助金制度」を定めて、合理化資金の補助に努め、56年には「機械工業振興臨時措置法（機振法）」を制定した。同法では、自動車部品工業も「特定機械工業」として育成の対象となり56年から5年間にわたり有力な部品メーカーは日本開発銀行から設備投資の融

資を受けた（山崎修嗣『戦後日本の自動車産業政策』2003年）。融資対象は大手系列会社が中心だったが、矢崎総業など独立系も含まれていた。この時期部品メーカーは積極的に外国技術の導入にあたり、59年には日本特殊陶業など7社が、60年には関東精機（のちのカンセイ。90年にカルソニックと合併しカルソニックカンセイとなる）など13社が技術導入を実施した。

1960年代

1960年代に日本の高度成長が本格化すると、この10年間に48万台から530万台へと生産は一挙に10倍以上に急上昇し、輸出も60年代後半から乗用車部門で始まった。

62年には日産が追浜工場を、いすゞが藤沢工場を、日野が羽村工場を、プリンスが村山工場を建設、また66年には日産とプリンスの、そしてトヨタと日野の合併、67年にはトヨタとダイハツの業務協定が実施されるなど、業界の高度再編が相次いだ。また「かんばん方式」や「ジャストインタイム」に象徴される「トヨタ生産方式」が実施されたのは62年のことだったし、「QCサークル活動」が普及したのもこの時期だった。

これとともに部品メーカーにも生産体制の合理化と技術力のアップが要請された。56年から機械工業の合理化を促進するために「機振法」が制定され、自動車部品産業も奨励対象となり、品質の向上に大きな役割を果たしたことは前述したが、この法律は5年の時限立法だったが、61年から第2次、66年からは第3次に延長され71年まで継続され、企業合理化に威力を発揮した。また60年代にはカーメーカー主導の部品メーカー再編が急速に進行し、業務提携や合併などを通じた系列化が顕著となった（次頁表1参照）。それも67年までは窓口一本化のための業務協定（A）が中心だったのが、68年以降は資本参加や経営参加を内容とする業務協定（B）が増加した。この時期、カーメーカーは部品メーカーに資本参加することで、資本系列化を急速に推し進め、役員派遣、技術管理指導などを通じた両者の関連も強化された。もっとも表に見るように系列外の独立メーカーもその数を増してきていることに注目する必要がある。一般にトヨタ、日産などのカーメーカーは主要部品の複数企業発注を実施しており、したがってメインサプライヤーは系列企業が担当するが、サブはそれ以外の企業がなるのが

表1　自動車部品メーカーの再編（件数）

年 タイプ	1963-65年					1966-67年					1968-69年				
	A	B	C	D	計	A	B	C	D	計	A	B	C	D	計
トヨタ系列	3	-	1	-	4	2	1	-	-	3	-	5	-	-	5
日産系列	7	2	-	-	9	21	2	2	-	25	4	1	1	-	6
他社系列	-	2	2	-	4	2	1	2	-	5	-	2	-	-	2
その他	1	1	3	1	6	5	2	1	1	9	1	18	2	-	21
計	11	5	6	1	23	30	6	5	1	42	5	26	3	0	34

注：1. 再編成のタイプは次の通り。
　　　A: 窓口一本化や窓口会社設立のための業務提携
　　　B: 資本参加や経営参加などA以外の業務提携
　　　C: 合併
　　　D: 他の部品メーカーを系列化
　　2. 他社系列は、トヨタ、日産以外の自動車メーカーの系列関係。
　　3.「自動車部品業界再編成の現状と今後の展望」（日本開発銀行『調査月報』1970年2月号）より作成。
出典：小林英夫・大野陽男『グローバル変革に向けた日本の自動車部品産業』（工業調査会、2006年、71頁）より重用。

一般的である。カーメーカーも量産効果を高めるために他社拡販を奨励してきた（加護野忠男ほか編『競争と革新——自動車産業の企業成長』東洋経済新報社、1988年、藤本隆宏ほか編『リーディング・サプライヤー・システム——新しい企業関係を創る』有斐閣、1998年）。したがって、独立系企業が増加するということは、日本自動車産業の拡大過程では十分に起りうることだったのである。事実、独立系のワイヤハーネス企業の矢崎総業や後述するカヤバ工業（KYB）などはこの時期、力を強めていく。

1970年代

　70年代になると、国内需要は伸び悩むものの、生産合理化とオイルショック後の原油価格の高騰のなかで燃費性能の良い日本製小型車への需要が高まり、対欧米輸出は急増をとげ、それが深刻な貿易摩擦を引き起こした。また71年にはアメリカで「マスキー法」が成立し、排気ガス規制が実施され、それへの対策が各社の重要課題になった。この時期カーメーカーは「カンバン方式」に代表される厳しい購買政策をTier1の大手部品メーカーに実施し、部品メーカーもこれに応えるべく合理化政策を推し進めた。この時期カーメーカーの部品メーカーへの

資本参加は積極化し、持株比率が高められると同時に、人材派遣も行われた。

1980年代

80年代には貿易摩擦の解消を目指し、北米には82年のホンダの進出を手始めに、以降主要7社が進出し現地生産を開始した。欧州にはイギリス政府の強い要請もあって、86年の日産を皮切りにホンダ、いすゞ、トヨタが次々と進出した。また日本国内でも85年のプラザ合意以降の円高とバブル経済のあおりを受けて国内需要が増加し、日本自動車産業は国内生産1349万台と過去最高を記録した。この時期、自動車部品メーカーもカーメーカーの要請を受けて北米、欧州、東南アジアを中心に海外展開を本格化させた。

図12を参照願いたい。80年代半ばを契機にして、日本自動車企業の海外展開は積極化し、北米からアジア各地へと拡大していった。北米市場向け進出が大勢を占めるなかで、82年にはスズキがインドのマルチウドヨクとの合弁でインド進出を進めたことが特筆される。進出動機は「どこかで一番になりたかった」(鈴

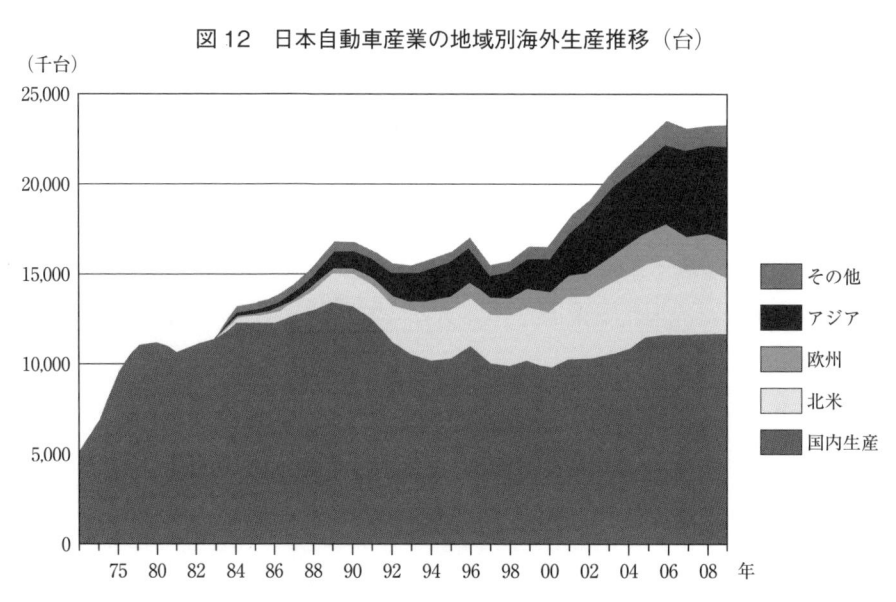

図12　日本自動車産業の地域別海外生産推移（台）

出典：日本自動車工業会『日本の自動車工業』1975-2009年より作成。

木修『俺は、中小企業のおやじ』日本経済新聞社、2009 年）からであろうが、BRICs 市場の上昇機運に乗っていまやインドのスズキの自動車販売シェアは 45.7% と第 1 位で、生産台数は日本国内のそれを超えた。

1990 年代

しかし 90 年代、日本自動車産業はアジア展開、とりわけ中国展開を本格化させる。それと同時に日本自動車産業も部品産業も厳しい試練の時期を迎えた。バブル崩壊後の日本経済は低迷の 10 年を過ごした。自動車産業も国内需要は伸びず、横ばいもしくは漸減を記録したのに対し海外生産は急増を開始した。90 年代はアメリカでの海外生産が拡大した時代だったといえよう。しかも 90 年代後半は部品業界まで含めた自動車業界のグローバル再編の時代だったともいえよう。96 年にはフォードがマツダへの出資比率を上げて傘下におさめ、98 年にはトヨタがダイハツを傘下に、GM がいすゞへの出資比率を高めた。そして 99 年 3 月にはルノーが日産に資本参加し、2000 年にはダイムラー・クライスラーが三菱自動車に資本参加し、一時日本の自動車メーカー 11 社中トヨタとホンダを除くと他の企業は外資を受け入れるというグローバル時代を迎えたのである。

1990 年代以降の売上高営業利益率

この時期のカーメーカーと部品メーカーの売上高営業利益率の推移を見てみよう。(表 2 参照)

1990 年代前半までトヨタ、日産、ホンダ 3 社ともに系列下の部品メーカーより低い売上高営業利益率を示している。ところが 90 年代後半になるとトヨタとホンダの 2 社では合理化を進めた効果が表れて、売上高営業利益率は部品メーカーを引張りながらもそれを上回る率で上昇を開始し、2000 年代にもそれを継続している。ところが日産と日産系の部品メーカーだけは 90 年代後半にいたっても売上高利益率を上昇できないままに終っている。そして 2000 年に入るとルノーの支援を受けて日産は、カルロス・ゴーン CEO のリーダーシップの下で急速な回復を遂げるが、しかし傘下の部品メーカーは 90 年代と変わらぬ低利益率に止まっているのである。完成車メーカー各社が業績を回復し、部品メーカーをリードするには 2000 年代まで待たなければならなかったということがいえよう。

表2　自動車メーカーと系列サプライヤーの売上高営業利益率推移（単位：%）

	トヨタ	トヨタ系列	日産	日産系列	ホンダ	ホンダ系列
1994	—	3.8	—	3.2	—	3.9
1995	3.2	3.7	0.7	2.2	3.4	3.4
1996	5.4	4.8	3.0	3.7	7.6	4.8
1997	6.7	3.7	1.3	3.4	7.7	5.4
1998	6.1	3.5	1.7	1.7	8.8	4.2
1999	6.0	4.6	1.4	2.2	7.0	5.1
2000	6.5	5.2	4.8	2.4	6.3	5.3
2001	7.4	3.8	7.9	1.6	8.7	5.5
2002	8.2	4.9	10.8	2.6	8.6	6.9
2003	9.6	5.2	11.1	2.9	7.4	6.6
2004	9.0	5.2	10.0	2.8	7.3	7.3
2005	8.9	5.6	9.2	2.7	8.8	7.4
2006	9.3	5.9	7.4	1.9	7.7	7.4
2007	8.6	6.9	7.3	3.1	7.9	7.5
2008	-2.2	0.8	-1.6	1.2	1.9	3.2

出典：各種決算データによる。1994-2008年はトヨタ系7社、日産系6社、ホンダ系5社の平均利益率。関東学院大学青木克生氏作成のデータによる。

しかしその後カーメーカー主導、部品メーカー追随のかたちで売上高営業利益率は順調に推移したが、2008年には、世界同時不況の影響を受けてカーメーカー、部品メーカーともにその利益率を急落させた。

2000年代

ところで、2004年以降経営合理化を進めた日本企業に追い風が吹いた。原油高と地球環境保護の動きが強まるなかで、中小型車中心で燃費効率が良い日本車への人気が高まり、トヨタは、最大の収益源である北米市場でのシェアを伸ばしGM、フォードを追い上げ、2位フォードを抜いてトップのGMに迫った。「GMを抜くのは時間の問題」といわれるなかで、経営合理化に苦悩するGMを尻目にその差を確実につめてきた。

そうしたなかで2005年以降GM、フォード、ダイムラー・クライスラーの「ビッグ3」は、合理化対策の一環として資本・業務提携の見直しを実施しはじめた。その結果、GMは、2000年以降取得したいすゞ、スズキ、富士重工の株を放出した。GMが放出した富士重工といすゞの株をトヨタが取得することで、

富士重工といすゞはトヨタグループに入った。そのほか、ダイムラーは三菱ふそうの株80％を取得、完全子会社化をはかる一方で、三菱自動車は三菱グループの支援を受けて再建への道を歩み始めた。また2000年以降ゴーンCEOのもと復活を果たした日産も、2006年以降は販売不振で振るわず、2006年11月トラック部門の日産ディーゼル株をボルボに放出した。まさに自動車業界は再度再編の時代に入っているのである。

拡大する海外生産

1970年に500万台に達した日本の自動車生産は、その後輸出を主体に85年には1227万台まで拡大した。しかし1980年代の対米貿易摩擦の激化と1985年のプラザ合意を契機に円高がはじまると、これを回避するための海外現地生産が開始された。その後アメリカでの海外生産を手始めにヨーロッパ、アジアでの海外生産が増加し、2000年代に入ると国内生産が安定すると同時に北米、アジアを中心とした海外生産が伸びて、2007年には国内で1160万台弱、海外では1186万台弱が生産され、ともに1100万台を超えほぼ並行して増加した。しかも国内生産においてその56.5％弱の655万台弱が輸出であることを加味すると、海外市場依存は海外生産と輸出を合計して1841万台となり、日本の総生産台数2346万台弱の78.5％弱が海外市場向けであった。今後日本での人口減少等を考慮に入れると海外生産増大の時代がさらに継続することが予想される（日本自動車工業会『日本の自動車工業　2008』）。海外生産で、もっとも大きな比重を占めたのはBRICsと称されたブラジル、ロシア、インド、中国の4ヵ国で、なかでも中国の比重が大きかった。中国の躍進に関しては、第1章(5)で論じたので、ここでは割愛する。

(2) 2009年以降の日本自動車産業

不況下の自動車部品産業

アメリカでの販売不調を反映して2008年10月以降日本の自動車生産は急激に落ち込んだことは前述した。2008年11月の生産実績が85.4万台で前年同月比20.4％減、12月には72.5万台で同25.2％減を記録した。これは、かつてない記

図13 日本の自動車輸出台数推移（台）

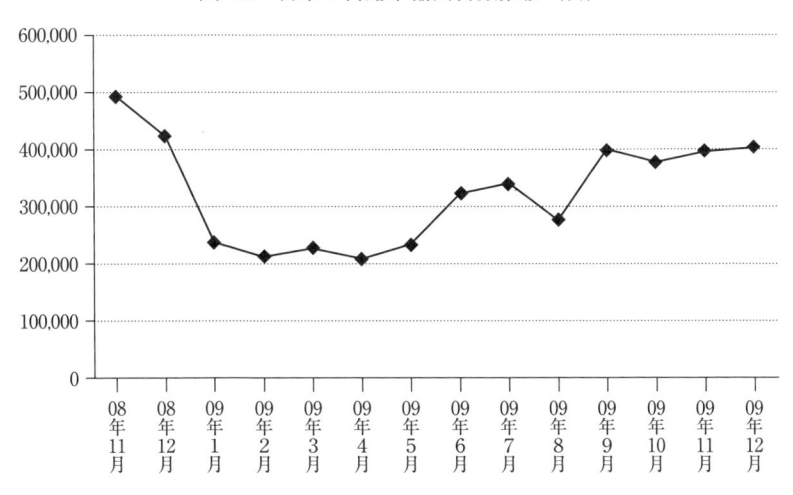

出典：日本自動車工業会HPより作成。

録的ともいえる激しい落ち込みだった。生産台数の減少と歩調を合わせて輸出台数の減少が顕著となった。2008年10月の輸出台数57万5000台は前年同月比で4.2％減であったが、11月になると49万2000台と18.1％へ落ち込み、さらに12月には42万2000台と33.6％へと落ち込んだ。そして1～4月は20万台前後で推移し、上昇のきざしをみせたのは09年5月以降だった（図13参照）。

さらに2009年は未曾有の不況と共に年明けを迎えたといっても過言ではない。08年10月以降本格化した「百年来」と称される世界同時不況は、日本の自動車及び同部品産業に大きな影響を与えた。08年12月には前年同月比で31％減を記録したからだ。2009年初頭からの経営不振のなかで、各社は様々な不況生き残り策を展開した。まず、社長や役員の賞与削減が実施された。社員にボーナス削減を納得させる必要があるからである。次には購入費、残業費、研究費、出張費の削減である。出張に代えてインターネットによる電話会議や1人1万円を超える出張の制限などがそれである。3つめとしてはワークシェアリングで、週勤5日から4日ないし3日への短縮、いわゆる「3勤4休」の実施である。4つめは、現地出向者の削減である。そうしたうえで、5つめとして各社が努力したのはキャッシュ・フローの確保であった。そしてそのための与信管理の徹底だった。

第2章　日本の自動車・部品産業の歴史と現状

こうして多くの自動車・同部品企業は、危機に備えたのである。

アメリカ市場での生産減少

それゆえに海外市場、とりわけ海外生産及び輸出の太宗たるアメリカ市場の動向如何が大きかった。たしかに、ここ数年生産過剰気味であった世界自動車生産は、いつの日にかその生産調整が必要になるであろうことは、業界のなかでささやかれていた呟きであったが、それが、08年9月以降のアメリカでの金融危機に端を発する不況で自動車販売が激減するというかたちをとって発現したのである。

08年後半からのアメリカ市場での自動車販売の不振は、「ビッグ3」と称されたGM、フォード、クライスラー3社の販売不振、とりわけGM、クライスラー2社の不振となって現れたことは前述した通りであるが、トヨタ、ホンダ、日産もその例外ではなく、各社共に販売不振と業績悪化を経験した。しかし、半年を経過した09年5月段階で、僅かではあるが、日本の自動車各社は、生産を回復させつつある。それは、早期に素材在庫、部品在庫調整を成し遂げた各社が、完成車在庫の調整を完了し、生産回復に転じ始めているからである。日本政府のみならず各国政府が、自動車需要を喚起する政策を展開し、カンフル注射的とはいえ、需要拡大を志向した結果、自動車需要が増大したことも大きかったといえよう。とりわけ、日本ではHV車需要が、トヨタ、ホンダをはじめとする各社の受注増を招来したことが特記されるべきかもしれない。

緩やかな回復

100年に一度といわれた自動車及び同部品産業を襲った不況も2009年春頃から次第に回復基調の兆しが見え始めている。HV車「新プリウス」の好調な販売もあずかってトヨタは、6月以降残業を含む生産増強に踏み切ったし、ホンダもまたHV車「インサイト」の販売が好調で、同様の動きを示し始めている。部品企業も同じ動きで、1～3月の生産調整を経て、在庫調整を基本的に終了した各社は、徐々にではあるが、その生産を上昇させ始めている。トヨタやスズキ系自動車部品企業が集中する東海地域で減産が緩やかになったという報告や日産系カルソニックカンセイが、1月から最大で月10日間設定していた一時帰休日を5

月から1日に削減した動きは、それを物語ろう。

しかし、こうした動向は、減産動向が止まった、底を打ったということは意味しても、飛躍的生産拡大を意味するものではない。依然、世界最大のアメリカ市場は、GMを中心に再編中とはいえ本格的生産段階にはなく、欧州もフランスの落ち込みが顕著で輸出は伸び悩んでいるからである。しかし他面で、世界不況にもかかわらず、自動車販売で中国、インドが好調を持続していることが注目される。中国やインドは、世界不況の中でも5％以上の成長を持続し続けているからである。とりわけ、自動車産業の躍進は目を見張るものがある。09年1月には月間自動車販売台数で、中国はアメリカを抜いて世界第1位に躍り出た。インドもまた都市部を中心に確実に自動車需要を拡大させ、09年4月には、世界が注目するタタ・モータスの超廉価車、11万ルピー（約22万円）の「ナノ」が、トラブルを克服して発売される運びとなった。試乗した者の率直な感想は、「室内は広く、加速もまずまず」で、「振動や走行音は日本の軽乗用車より少し多いくらい。買い物用としてなら十分使える」車（「日経産業新聞」2009年12月4日）だという。運転席は小型車の割には広く感じられ、リア・エンジンの割には騒音も静かだというのである。先進国市場での不況と低迷を尻目に、中国、インドを筆頭に発展途上国の一部に確実に成長を遂げる国々が現れ始めてきている点に今回の不況の大きな特徴があるのである。その意味では、世界経済の1つの転換を示す出来事なのかもしれないのである。

そう考えると、2009年以降の自動車産業の救済の芽は、一方でのアメリカに象徴される先進国市場の回復如何と、他方での中国、インドに象徴される発展途上国での市場拡大への対応如何にかかっているといっても過言ではないといえよう。

トヨタリコール問題の発生

自動車業界が不振からの離脱のきざしをみせはじめた2010年1月トヨタは北米市場でペダルの戻り方に問題があるとして8車種・約446万台のリコールを発表した。しかしすでに問題はその前年の8月に発生していた。北米でアクセルペダルが引っかかることが原因とされる死亡事故が発生していたのである。トヨタはこれに対し、原因はフロアマットに問題ありとしてリコールには応じず、11

図14 トヨタの北米事業の拡大

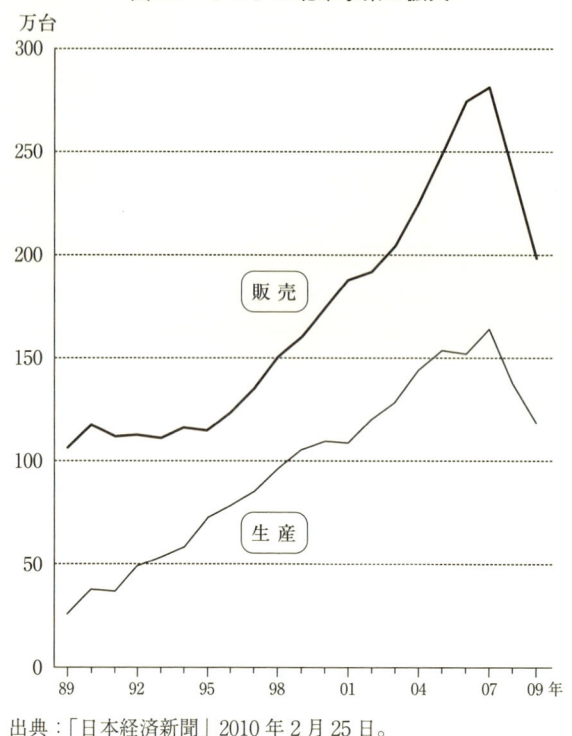

出典：「日本経済新聞」2010年2月25日。

月になってやっと8車種446万台のペダルの無償交換を発表した。しかしその後は対応が後手後手にまわるなかで、問題はアクセルペダルの構造問題などに拡大、リコール対象車も800万台にまでふくれあがった。こうしたなかで、2月に入ると米議会は公聴会に豊田章男社長の出席を求め、その責任を問う事態にまで発展した。公聴会に出席した豊田社長は、事故の原因は電子制御システムの欠陥にあるとする主張を否定する一方で、「グローバル品質特別委員会」の設置や米国で不具合を解析する拠点を拡大する、米国に製品安全担当役員を配置するなど一連の品質・安全管理体制の改革を実施すると証言した。

　今回のトヨタのリコール問題は、どれが原因というよりは、生産の海外移転にからむ「複合要因」により発生したと見るのが正確だろう。1つはトヨタの90年代以降の急激な海外生産の拡大である。特に北米市場での拡大は著しく、90年代初頭の50万台は、2007年には250万台を越え、5倍以上になった（図14参照）。その結果品質管理への対応に問題が生じた可能性は高い。日本国内と同様の密度で、カーメーカーとサプライヤーとの「すり合わせ」ができたか、といえば疑問の余地がある。2つには、この間のコスト削減要請の激しさから来る、設計、生産準備の短縮化のなかで、技術面で十分つめ切れずにとり残された問題が生じた可能性である。今回はアクセルペダルが問題になったが、北米トヨタとそこにペ

ダルを納品していた米国のCTS社との間で、技術的なツメがどこまでできていたのか、という問題が浮き上がる。発注者と受注者との間でのコミュニケーションがきちんととれていたのか否かが問題となろう。こうした生産の海外展開が生む問題点を浮き彫りにしたというのが2010年初頭のトヨタリコール問題だったといえよう。

第2部　地域振興と自動車・同部品産業

第1章 ● 日本の自動車・同部品産業と地域振興

1　日本自動車部品産業と地域産業振興

はじめに

　ここでは自動車産業が地域経済活性化に果たす意義と役割について検討する。1950年代までの日本の地域産業を支えた主要産業は、繊維や雑貨を中心とした伝統的な地場産業にくわえて道路、鉄道、港湾建設といった土木建設業であった。1960年代から70年代にかけて、繊維に代表される伝統的な地場産業が競争力を喪失して海外移転をしていくなかで、新たに輸送機器および電機電子産業が地域産業の主力へと成長した。しかし80年代に入ると急進する円高と輸出条件悪化のため海外輸出市場を守るため現地生産が推し進められ、地域経済を支えていた電機電子産業の海外移転が急速に推し進められた。90年代に入るとその傾向はますます顕著となり、中国での改革開放の本格化と投資条件の整備に伴い、その傾向が加速度化された。地域産業の軸をなした繊維や雑貨のみならず電機電子産業の中国・アジア移転が進むなかで、日本国内経済の「空洞化」がさけばれた所以である。

　しかし、90年代に電機電子産業同様厳しい経営環境におかれた自動車・同部品産業も2000年代に入ると力を回復し、電機電子産業とは異なる軌道を描きながら海外移転を進めつつも国内生産を増加させ、「空洞化」と無縁などころかそれをを防止する産業としての姿を鮮明にした。自動車産業が空洞化防止力を持ち得た所以が、省エネルギー・環境対応型の燃費性能良好な小型車生産で先頭を走る日本車メーカーへの、世界需要の集中と北米自動車市場での「1人勝ち」にあったことはここに改めて指摘するまでもない。つまり「空洞化」するか否かは、すぐれて当該産業が日本国内にあっても国際競争力を有するか否かにあり、その

競争力の育成と持続に失敗すればいかなる産業も「空洞化」の道を歩まざるを得ない。したがって、自動車産業といえどもその競争力が喪失すれば、空洞化防止産業から一転して空洞化促進産業へと転換する可能性を秘めている。

2008年前半まで継続した空洞化防止の動きは、後半に入り顕著となったアメリカでのサブプライム問題の表面化と金融不況の深刻化、その世界的範囲への拡大に伴い、一挙に急変する。自動車需要の冷え込みと購買力の減退のなかで、日本での生産台数は10月には6.8％、11月には20.4％、12月には25.2％減を記録し、自動車・同部品産業はその犠牲を蒙る典型産業へと変身し始めた。もっとも、こうした2008年末から09年前半にかけての生産減は在庫調整を急速に進め、09年5月頃から生産は回復基調に入った。しかし、この動きも冷え込んだ世界経済の中では、往年の販売台数は期待できない。

ここでは、好・不況下での自動車・同部品産業の実情と「地域」産業振興への寄与の実態を検討し、不況下の中で芽生え始めている自動車産業の新しい動きを検討することとしたい。

(1) 各国経済での自動車・部品産業の位置

自動車生産が最盛期だった2006年の世界の自動車保有台数は、約9億7903万台、世界人口が約66億人だから、平均して7人に1台の割合で自動車が保有されていたこととなる。そして当時は毎年6400万台の自動車が新たに生産されていた。自動車の1台の平均価格を1万5000ドル（135万円）と仮定すると、全世界の年間自動車売上額は総額9600億ドル（86兆4000億円）にのぼる。

したがって、各国の自動車産業は、確実にその国のGDPを拡大させ、雇用を増大させ、そして国民に豊かな生活を保障する基幹産業の位置づけを持つのである。地域振興の要の産業と位置づけられたことは故なきことではない。2009年にアメリカに誕生したオバマ政権が、産業の復権を期して環境にやさしい自動車産業の奨励を掲げる所以であるし、先進国は言うに及ばず開発途上国までもが、自動車産業の育成を国家目標に掲げる所以でもある。またその成否が1国の力の盛衰を決めるとあれば、ヨーロッパ、日本そしてBRICsに象徴される新興国での自動車生産の成長は、アメリカを中心に展開された戦後レジームを大きく変化

させる可能性をも秘めた産業ということになる。

　そして、その中身を見ると自動車産業は、部品点数2万乃至3万点からなる「総合産業」でもある。自動車は通常、鋼板をプレス成型して車体パネルを作り、これを溶接してホワイト・ボディを作る。さらに塗装してペインテッド・ボディとし、これをベルト・コンベヤー上で艤装組立し、シャシー組立工程を経てさまざまな部品を装着して1個の完成車が作られる。その過程で特殊鋼や普通鋼といった鉄鋼業、アルミニウムなどの軽金属業、そして樹脂、ガラス、ゴム、塗料などの化学工業が関与し、しかも、近年では車の電装化が急速に進行したことから電機電子産業も参入し、部品のなかに占める電機電子部門のウエイトが高まってきている。トヨタで例をとれば、全製品のうち電子部品の価格は、一般の普通車で15％、高級車で28％、HV車で47％を占める。「レクサス」の最高級車種のLS460には、100個のECU（電子制御ユニット）が搭載されているという（『九州経済調査月報』62、2008年12月）。さながら「総合産業」的様相を呈しその波及効果は大変大きく、地域経済はおろか1国の国民経済に与える影響は非常に大きい。東北地方の岩手県に1993年に関東自動車が進出、さらに2010年にセントラル自動車が宮城県に進出したことで、岩手、宮城県とその近隣諸県の空洞化の進行が緩和されただけでなく、岩手県が東北の自動車生産の中心地へと変貌したのである。先進国、発展途上国のみならず過疎化に悩む地域行政主体が、熱心に自動車・部品産業の誘致、育成に力を入れる理由もそこにある。

　したがって、逆に2008年末から顕在化した世界同時不況の一環である自動車不況の地域経済に与えた影響には深刻なものがある。自動車メーカーの生産減は、そのまま若干のタイムラグを伴いながら部品メーカーの受注量減として表れるが、2009年初頭で各社は、30％前後の生産減を余儀なくされているのである。

(2) 日本国内での自動車生産の現状

　次に日本が生産する年間約1057万台強のメーカー別、地域別国内分布を見てみよう（表3）。中部・東海地域はトヨタ自動車を中心に三菱自動車、ホンダ、スズキの主力工場が結集し年間433万台弱を生産する国内最大の集積地を形成している。ここにはトヨタの本社と元町工場、高岡工場などの開発・生産機能拠点が

表3　自動車メーカー別・地域別分布　(台)

地方	都道府県	メーカー	工場	台数
東北	岩手県	関東自動車工業	岩手工場	300,000
東北地方合計				300,000
関東	栃木県	日産	栃木工場	163,000
	群馬県	富士重工	群馬本工場	153,897
			矢島工場	344,805
	埼玉県	ホンダ	狭山工場	529,777
		日産ディーゼル	上尾工場	36,000
	東京都	日野自動車	日野工場	291,730
	神奈川県	日産	追浜工場	294,746
		日産車体	湘南工場	358,003
		いすゞ	藤沢工場	33,600
		三菱ふそう	川崎工場	69,065
関東地方合計				2,274,623
東海・中部	静岡県	スズキ	磐田工場	430,000
			湖西工場	750,000
			相良工場	260,000
	愛知県	トヨタ	元町工場	142,000
			高岡工場	346,000
			堤工場	431,000
			田原工場	632,000
		トヨタ車体	—	160,000
		三菱自動車	岡崎工場	296,965
			名古屋工場	58,215
		三菱ふそう	大江工場	4,372
	岐阜県	岐阜車体	本社工場	80,000
	三重県	ホンダ	鈴鹿工場	545,806
			四日市工場	187,304
	富山県	三菱ふそう	富山工場	2,015
東海・中部地方合計				4,325,677

集中し、デンソー・アイシンなどトヨタ系の主力部品企業も厚い集積をなしており、県レベルで自動車関連出荷額が高い比率を占める愛知、静岡の両県がある。これに次ぐのが関東地域で、年間約227万台強余の生産実績があり、日産、富士重工、日産ディーゼル、ホンダ、日野、いすゞ、三菱ふそうが本社・開発機能を有し、これらにパーツを供給する部品企業が中部・東海地区同様分厚い層を成している。この2大拠点と並んで、中国地区にはマツダ、三菱自動車を中心に164万台弱の、近畿地区にはダイハツを中心に64万台弱の生産拠点が活動している。

近畿	大阪府	ダイハツ	本社工場		297,000
	京都府		京都工場		167,000
	滋賀県		滋賀（竜王）工場		274,000
近畿地方合計					638,000
中国	岡山県	三菱自動車	水島工場		528,000
	広島県	マツダ	本社工場		528,000
			防府工場（西浦）		550,000
	山口県		防府工場（中関）		30,000
中国地方合計					1,636,000
九州	福岡県	トヨタ	九州工場		444,000
		日産	九州工場		391,893
	大分県	ダイハツ	九州工場		460,000
九州地方合計					1,295,893
全国合計					10,570,193

出典：アイアールシー編集による日本の各自動車グループの実態（最新版の刊行年は2005年から09年と各企業により異なる）ならびに各社HPを基に作成。

1990年代以降力をつけてきたのが北部九州地区と東北地区で、前者では日産、トヨタに加えてダイハツ車体（現ダイハツ九州）が稼動して129万台強の実績を、後者では関東自動車が約30万台までその生産を拡大してきている。

2000年代に入ってからは、輸出向けへの需要増大から、トヨタは傘下の関東自動車岩手工場と九州工場の生産能力のアップを計画した。関東自動車は2006年からこれまでの年間15万台を約2倍の30万台まで増大させるため、ラインを増設しカローラを中心に対米輸出車輌の増産に着手した。また北部九州地区でも宮田工場の生産をこれまでの25万台から43万台へ増産すると同時に、新設された北九州空港に隣接して年間44万基を生産するエンジン工場の稼働を開始させた。日産も九州工場内に神奈川県の日産車体の一部を移転し、そこで生産を展開する動きを見せ、本田技研も久留米に20万基を生産するエンジン工場を建設し、くわえて埼玉県の本庄に新工場を建設する計画を具体化させた。またスズキも静岡県に新工場の建設計画を推進し、増産体制に拍車をかけた。

しかし2008年後半にいたり世界不況の深化と、かつては「結婚は延ばしても自動車を買いたい」（永礼善太郎・山中英男『日本の産業シリーズ　自動車』有斐閣、1961年、16頁）と考えた若者の、趣向の多様化に伴う近年の自動車離れのなかで、各社はその生産を急減させ、減産に伴いトヨタは2000人、日産は1500人、い

すゞ自動車は、国内の非正規従業員（派遣及び期間従業員）約1400名、マツダは1300人の契約の解約を実施した（「朝日新聞」2008年11月22日）。

（3）自動車・同部品産業の3つの特性

　本格的な考察に先立ち、まずなぜここで地域産業振興との関連で自動車・同部品産業を取り上げるのか、その理由を見ていくこととしよう。ここでは、自動車・同部品産業が包含する3つの本質的特性とそこから生まれる産地形成上の3つの派生的特徴を見ておくこととしたい。
　まず、自動車・同部品産業に固有な3つの特徴から述べることとしよう。それは、自動車・同部品産業の開発、生産、購買システムである。

開発システム

　自動車産業の開発システムの特徴は、デザインインと称されるカーメーカー、部品メーカー一体の、さらにはTier1とTier2の部品メーカー間での一体化した共同開発システムにある。具体的には部品メーカーの開発担当者がゲストエンジニアとしてカーメーカーに常駐するか、Tier2の部品メーカーのエンジニアがTier1の部品メーカーに常駐し共同開発を行うのである。これによって常駐を受けたカーメーカーやTier1部品メーカーは開発工数の不足を補填し、開発期間を短縮することができ、Tier1もしくはTier2部品メーカーはカーメーカーの新技術と将来の構想をあらかじめ修得でき、かつ生産段階では優先的な受注を受けることが可能となる。車輌の配置や設計、電装、内装、空調関係のデザイン部門を中心にこうしたデザインインが行われたのである。
　製品の設計段階に入ると、製品の機能、重量などを盛り込んだ仕様書、仕様図とそれらの構成部品の材質、形状、寸法を記入した生産図が作成されなければならない。仕様書、仕様図はカーメーカーが設定するが、関連技術についてはTier1の部品メーカーが多くの知識を持っている場合には、部品メーカーと共同で作成する場合もある。
　生産図は、カーメーカーが作成してそれを部品メーカーに貸与し、部品メーカーはその指示通りに生産する「貸与図方式」と部品メーカーがカーメーカーの意図

を汲んで作成し、それをカーメーカーが承認する「承認図方式」がある。これまでは欧米メーカーでは「貸与図方式」が主流で、日本メーカーの間では「承認図方式」が一般的であった。「承認図方式」で行うには、Tier1 の部品メーカーにそれなりの技術の集積が必要となる（河野英子『ゲストエンジニア──企業間ネットワーク・人材形成・組織能力の連鎖』白桃書房、2009 年）。そしてそれが「長期継続取り引き」のカギとなる。しかしそれが過度に進むと「技術のブラックボックス化」が進み、カーメーカーサイドで、技術の詳細が掌握できなくなる可能性が出てくる。

生産システム

生産をスムーズに行うための情報の管理と部品供給、ライン作業のプランニングと管理が生産計画・管理業務であるが、顧客情報を受けてから納車までいかに短縮するかが、大きな課題となってくる。そうしたなかでトヨタ生産方式の柱をなすのが「カンバン」情報による「ジャストインタイム」方式である。「ジャストインタイム」とは、必要な時に必要な量を前工程から引き取り、前工程は必要な量だけ生産するという方式である。生産工程での作りだめを極力排除し、必要な時に必要な量をラインに供給することで無駄な在庫を減らし、一定のタクトタイムで生産を実施していく方策である。

「ジャストインタイム」方式は、工程技術の革新を伴う。「1 個流し生産」のための「工程の流れ化」や段取り時間の短縮、多能工化の推進などがそれである。この結果、それまでの少品種多量生産から多品種少量生産への対応が可能となったのである。さらにトヨタ式生産方式の今ひとつの柱は「自働化」である。異常が発生した場合に、自動的にラインを止める仕組みである。作業者が異常を発見した場合異常工程を表示する「あんどん」と称する電光掲示版を点滅させてそれを告知し、ラインを停止して点検、欠陥補修を行う。こうして欠陥製品が次工程に行くのを防ぎ、欠陥を探し出す時間や修理するスペースを省略する。

購買システム

購買システムは近年グローバル化の進行のなかで急速に変化してきている。特にルノーと提携した日産の購買システムの変化は大きい。ここでは、伝統的な日

本企業の購買システムと近年の変化を追ってみることとしよう。

まず日本の購買システムだが、内製化率が非常に低いのが日本企業の特徴である。大体30％前後に過ぎない。エンジンや足回りの重要保安部品は内製しているが、残りの大半は外注している。カーメーカーの外注先は、その数が絞られており、各部品ごとに平均2.5社程度に過ぎない。カーメーカーをトップにこれら限定されたTier1メーカーとさらにそこに部品を納入する多数のTier2、Tier3メーカーが集合することで、一大ピラミッド産業構造を構成しているのである。

欧米の購買システムは、これまで内製率が高く、したがって外注企業数は少なかった。しかしその割には取引企業数は膨大な数に上った。なぜなら欧米企業の場合には日本のように部品ごとにメーカーを絞り込むことをせずに部品メーカー全部と直接取引きしているからである。

(4) 自動車・部品産業と産地形成の特徴

自動車・同部品産業の特徴を踏まえ、角度を変えて該産業が「地域」産業を形成する場合の特徴を、裾野の広いピラミッド型構造、開発拠点と生産拠点、高い参入障壁の順で論ずることとしよう。

裾野の広いピラミッド型構造

自動車産業は総合部品組立産業である。自動車の部品点数は1台あたり2万点とも3万点とも言われる。これらの部品をアッセンブリーラインで装着し、1台の完成車ができ上がる。日本自動車企業の場合、エンジンやトランスミッション、アクスル、ボディプレスといった重要保安部品や大物部品を除くと、それ以外の大部分の部品を外注している。

欧米企業の内製率が70％前後であったのに対して日本のカーメーカーのそれは30％前後にすぎなかった。近年欧米企業も日本企業に学んで内製率を落としてきているが、それでも日本企業と比較するとまだ内製率は高い。それにもかかわらず欧米と比較すると日本のカーメーカーが直接取引きする部品メーカーの数はさほど多くはない。それは、カーメーカーが部品メーカーにサブアッセンブリー工程まで任せる一括発注制度を採用しており、部品ごとの取引メーカーの数

を平均2.5社程度に絞り込んでいるからである。したがって、日本自動車産業の場合にはカーメーカーの内製率の低さと外注率の高さゆえに、一括発注を受けユニット部品を納入する少数のTier1メーカーと、そこに部品を納入するTier2メーカー、そのTier2メーカーに部品を供給するTier3の下請けメーカーが層を成すかたちで前述したピラミッド型産業構造が、カーメーカーを中心に広がる展開となる。

　それだけでも「総合産業」としての位置は充分であるが、さらに車が完成した後もその販売、流通、サービスがこれに付加されるかたちで、その関連する範囲は、トップのカーメーカーを頂点に、幾層にも重なる部品メーカーの裾野とそれに素材を供給する素形材メーカーの層がピラミッドを形成し、さらに車の販売、サービスを加えた一大産業ネットワークが形成されている。したがって、日本自動車工業会によれば、2007年現在で自動車関連就業人口は515万人で、その内訳をみれば、製造部門が89万5000人、輸送関係など利用部門が272万8000人、そしてガソリンスタンドや金融といった関連部門が31万7000人、電機、非鉄、鉄鋼といった資材部門が19万9000人、販売・整備部門が101万1000人を数え、広範な産業領域をカバーしている（日本自動車工業会HPによる）。

開発拠点と生産拠点
　日本の自動車産業のいまひとつの特徴は初発の段階からカーメーカーと部品メーカーが連携して開発を展開するデザインイン方式にあることは前述した。具体的には部品メーカーの開発技術者がゲスト・エンジニアとして自動車メーカーに常駐し設計業務を行い、カーメーカーの開発コスト削減に寄与するのだが、その際部品メーカーが自主的に開発した技術をカーメーカーに売り込む場合や、両者が共同開発する場合、カーメーカーが先行開発を行う場合などがある。近年部品を集めてモジュール化、ユニット化する動きが活発化するなかでは、部品メーカーの開発力がより一層求められてきている。こうして部品メーカーは、計画・設計段階に参加することで、その見返りに新車情報や新技術に関する情報を入手し、かつ生産開始と同時にモジュール部品、ユニット部品供給を確保し、それを通じた長期安定需要を保持する事が可能となるのである。外注比率が高い日本自動車産業の特徴が、こうしたデザインインを有効に作用させる要因として働いて

いる。その際同じく自動車産業集積地だといっても、それを地域的に見た場合、中部・東海地区、関東地区、近畿、中国地区は開発機能を有するが、東北、北部九州地区には開発機能はなく生産拠点に特化している。その機能の相違を認識して、地域産業振興策を立案する必要がある。

高い参入障壁

したがってカーメーカーの周辺にはTier1メーカーが随伴し、部品供給を実施している場合が多い。それは、多くの場合ジャストインタイムでの部品納入が義務付けられているため、重量物に関しては、近場での生産と供給が便利だからである。また電装品や重要保安部品の中でも小物部品は、本社で一括集中購買もしくは生産し、それを全国、全世界に配給するシステムをとっているケースが一般的である。したがって、距離的に近いという有利な条件を有する「地域」地場のTier2、Tier3の部品メーカーといえども、彼らが新たに新規参入するにはそれなりの厳しい条件をクリアすることが求められる。自動車の開発から生産までは通常1年以上の時間が必要となる。仮に何らかの形で開発に参与できても、1年以上のテスト、チェックを受けなければ本格生産にタッチできない。しかも、この間、幾度なく繰り返される生産準備のテストをすべてクリアせねばならず、同時にさまざまな提案活動を通じた改善の努力も求められる。参入後も高品質の部品を低価格で、しかも定時に定量供給するためには、日常的な改善活動が必要とされ、加えて継続的な原価低減、納期短縮にも同様の改善活動が不可避となる。こうした改善活動を維持するためには経営者のみならず従業員を含めた全社一体の「意識改革」が進められなければならない。こうした厳しい条件をクリアしたTier1、Tier2企業のみが、自動車産業への参入の戸を開ける事が可能となるのである。

しかし、トヨタや日産、ホンダが長い歴史を有して生産拠点を構える中部・東海地区や関東地区と異なり、東北や北部九州地区といった新興自動車生産地域の地場企業は、これまでほとんど自動車産業とは無縁の業種を生業にしてきた。これらの地場では電機電子、精密機器産業へ部品を供給する金型、樹脂成型、金属加工、メッキ、塗装、熱処理といった分野で技術を磨いてきた中小企業が多い。こうした地区では技術レベルでは自動車部品産業への参入基準をクリアできる企

業は少なくないが、自動車産業以外で生きてきた彼らは、完成車メーカーの開発情報や新車情報をキャッチすることは困難である。また参入が確定していない段階で、自動車部品生産に必要な大規模な設備や備品を準備・購入するにはリスクが大きい。こうした弱点を克服するには、前述した企業自らの「意識改革」を前提にマーケティング機能の強化、そして財政的基盤の強化が求められる。

「リケン事件」が物語るもの

　こうした自動車部品産業の特徴と産地の関連を浮き彫りにしたものが、「リケン事件」であった。2007年7月発生した新潟県中越沖地震で日本の自動車産業が大打撃を受けてトヨタをはじめ日本の主要自動車会社のラインが一斉にストップするという事件が発生した。理由は、震源地に近い柏崎市に位置する新潟県を代表するエンジン部品製造企業の大手リケンが被災したからである。そしてその部品供給に依存していたトヨタ、日産、スズキ、富士重、三菱自動車など国内主要自動車メーカーは軒並み3日間の操業停止に追い込まれたのである。

　こうした事態が生じたのは今回が初めてではない。実は、1995年の阪神大震災でも神戸製鋼所が被災した結果、鋼材供給ができずにトヨタ、三菱自動車などが一時操業を停止した。また97年のアイシン精機の火災ではブレーキ部品の供給が途絶えてトヨタの生産がストップした。

　しかし07年7月の中越沖地震の影響は、以前のそれよりはるかに深刻であった。リケンのピストンリングの国内シェアは5割、変速機部品のシーリングのシェアは7割を占める。ほぼ総ての完成車メーカーがリケンの部品を使っている。各社はコストを削減するために在庫量を極力減らす体制をとっており、その分緊急の事故には対応できない。またエンジンごとに設計・開発段階からメーカー担当者がかかわって作り上げるため、リケンが被災したからといって、すぐに同業他社に切り替えるということは、部品生産の特殊性ゆえに簡単にはできない状況にある。結局トヨタの工場が再開したのは土日を含めて被災5日後のことだった。中越沖地震での自動車業界全体の減産台数は約11万台と、阪神大震災時の4万台を大きく上回ったのである。

　この地震で、いまひとつ際立ったことは、リケンの震災復旧にあたって、関連するトヨタ、ホンダ、日産を初めとする各社が自社の人員を抽出し、応援部隊を

組織して協力したことである。各自が自社の作業服で身を固め、持ち場を分担して復旧作業に協力する姿は、さしずめ「日本株式会社」の復旧作業の観を呈した。欧米なら各社がリケンに賠償金を請求するところであるが、日本では、逆に人員を捻出してリケンの復旧作業に協力したのである。これも日本の自動車産業と部品産業の関係を象徴する現象だった。そこには、かつて言われた「系列」ではないが、自動車メーカーと部品メーカーの長期相対取引に基く一体化の姿が現れていたのである。

「日本株式会社」的産業特性

　実は、この事故の中に日本自動車・部品産業の総ての特徴と問題点が凝縮されている。各自動車メーカーは、コストを削減するために在庫はほとんど持たない。在庫を持てば、それを管理する人員とスペースが必要となるからである。各社がほぼ1日分の在庫しかもたない理由もそこにある。つまり事故が起き供給がストップしたとき1日はなんとか生産ラインを持たすことができるが、それ以上は在庫切れを起こし、ラインがストップすることになる。今回の事態がそれである。では、部品メーカーのリケンがダメなら他社から購入すれば良いではないか、という意見がある。しかし前述したようにそれができないのが、電機業界などと異なるこの自動車業界の特徴なのである。保安基幹部品に関しては、多くの場合、自動車メーカーと部品メーカーは開発・設計段階から両者が一体になって作りこんでいく。複数社との共業はその分開発コストがかさむので、多くの場合には、社数を絞り込み、限定して開発・設計・生産を実施する。したがって、今回の中越沖地震のようにリケンからの供給がストップしたからといって、すぐに他社に切り替えるということは不可能に近い。したがってリケンの操業停止は、即カーメーカーに深刻な影響を与えることとなるのである。

　しかもリケンの供給ストップは、単にカーメーカーに影響を与えるだけではなく、他の部品メーカーにも大きな影響を与える場合が多い。例えばエンジンパーツを作っている場合は、そのパーツが無いためにエンジンの組立ができず、結局他のエンジンパーツメーカーも操業停止を余儀なくされ、その連鎖が拡大することとなる。こうして、操業停止の連鎖はドミノ倒しのように広がり、全体として上はカーメーカーから下はTier1、Tier2のメーカーにまで拡大することとなる。

自動車産業というのは、蟻や蜂の世界のように、各社が機能と役割を分担して緊密なネットワークを構成して総体として1個の「日本株式会社」型産業組織をつくりあげているのである。したがって、その基幹部分が機能しなくなると、全体がマヒ状態に陥る。だから基幹部分を修復するためには、組織体全体が力を出し合って、その作業に当たることが必要となるのである。自動車産業以外でも、日本の産業組織は大なり小なり「日本株式会社」的性格を有しているが、自動車産業はその色彩がもっとも強い。かつては、日本産業は全体的に「日本株式会社」的であったが、自動車産業と並ぶ電機産業は1990年代以降その性格を変えることで急速にその力を弱め、「韓国株式会社」、「中国株式会社」にその首位の座を譲っていった。日本で活動するこのネットワークの特徴は、いったんこのネットワークのなかに入ると恒常的な受注関係が維持され、長期的な収益見通しが可能となるということである。したがって、内部企業にとって、品質やコスト、納期の要求は厳しいが、その見返りとしてこれほど、確実で安全で、計算が成り立つ業界はないのである。つまり、参入しにくいが、いったん参入すれば、長期持続的な収益が保障されるのである。これほど地域にとって望ましい振興産業はないのである。

　2008年以降世界同時不況のあおりを受けて地域産業は大きな打撃を受けているが、図らずもその危機への対応の困難さのなかから自動車・部品産業の特徴がクローズアップされてきているわけだが、これを手がかりにさらに立ち入って自動車・部品産業のシステムの特徴に検討のメスを入れると同時にこの産業が地域振興にもつ意義について検討を加えることとしたい。

(5) 地域経済での自動車・同部品産業の位置

　前述したように、自動車及び同部品産業が地域振興に果たす役割の大きさについて疑問をはさむものは少ない。毎年発表される経済産業省の『工業統計』を見ても、07年段階での「輸送用機械器具製造業」の全製造業出荷額、従業員に占める比率は、出荷額で19％前後、従業員でも12％前後を占めており、非常に高い比率をもっている。しかもこれを都道府県までブレークダウンしてみた場合(次頁表4参照)、出荷額で最も高い愛知県では50％以上の数値を記録しており、高

表4　製造品出荷額等の都道府県別順位及び主要産業の概況（従業員4人以上の事業所）

都道府県名	実数（億円）	順位 2006年	順位 2007年	構成比（％）	1位 産業	1位 構成比	2位 産業	2位 構成比	3位 産業	3位 構成比
全国	3,367,566	—	—	100.0	輸送	19.0	一般	10.8	化学	8.4
北海道	57,396	20	22	1.7	食料	33.1	鉄鋼	9.6	石油	9.3
青森	16,511	40	42	0.5	非鉄	20.8	食料	17.6	鉄鋼	9.7
岩手	26,335	34	34	0.8	輸送	17.9	電子	15.2	食料	12.7
宮城	35,516	25	27	1.1	食料	16.9	電子	13.3	一般	8.0
秋田	16,615	41	41	0.5	電子	38.8	一般	7.3	食料	5.8
山形	32,061	28	28	1.0	情報	21.8	電子	13.7	一般	10.4
福島	61,806	19	19	1.8	情報	12.4	電気	11.3	電子	9.2
茨城	127,441	8	8	3.8	一般	19.0	化学	11.5	食料	9.3
栃木	92,453	11	12	2.7	輸送	18.8	情報	10.6	一般	8.5
群馬	81,445	15	15	2.4	輸送	31.1	一般	10.2	食料	7.1
埼玉	149,476	6	6	4.4	輸送	18.2	化学	10.2	一般	10.0
千葉	143,184	7	7	4.3	化学	21.3	石油	21.3	鉄鋼	13.1
東京	106,383	10	10	3.2	印刷	14.9	輸送	14.2	情報	10.0
神奈川	202,012	2	2	6.0	輸送	21.8	一般	14.2	化学	10.9
新潟	52,092	23	23	1.5	一般	14.0	食料	13.4	電子	10.0
富山	39,601	27	26	1.2	一般	14.0	化学	13.2	非鉄	12.6
石川	28,743	31	31	0.9	一般	29.9	電子	10.9	情報	8.4
福井	21,612	36	36	0.6	電子	17.7	化学	13.6	繊維	9.7
山梨	27,514	33	32	0.8	一般	25.8	電気	15.3	電子	12.3
長野	70,332	18	17	2.1	情報	22.8	電子	15.1	一般	14.9
岐阜	58,786	21	21	1.7	一般	16.1	輸送	13.7	電気	9.2
静岡	194,103	3	3	5.8	輸送	30.3	電気	10.4	化学	7.4
愛知	474,827	1	1	14.1	輸送	51.3	一般	9.0	鉄鋼	6.1
三重	116,018	9	9	3.4	輸送	25.9	電子	18.8	化学	10.4
滋賀	72,324	16	16	2.1	一般	17.3	輸送	13.2	電気	10.7
京都	61,340	22	20	1.8	飲料	17.8	輸送	10.0	一般	9.4
大阪	179,615	4	4	5.3	一般	14.8	化学	12.6	金属	9.2
兵庫	157,846	5	5	4.7	一般	16.4	鉄鋼	12.5	電気	9.8
奈良	24,938	35	35	0.7	一般	23.4	電気	20.6	食料	8.8
和歌山	31,590	29	29	0.9	鉄鋼	31.5	石油	26.8	一般	10.4
鳥取	11,408	44	45	0.3	電子	29.2	飲料	10.7	食料	10.6
島根	12,015	45	44	0.4	情報	18.7	鉄鋼	18.5	電子	12.0
岡山	82,539	13	14	2.5	化学	17.5	輸送	16.9	鉄鋼	13.9
広島	101,586	12	11	3.0	輸送	25.7	鉄鋼	15.0	一般	12.7
山口	69,164	17	18	2.1	化学	26.2	石油	16.6	輸送	16.2
徳島	17,158	39	40	0.5	化学	32.3	電気	9.6	紙パ	8.9
香川	27,318	32	33	0.8	石油	20.4	非鉄	13.8	食料	10.8
愛媛	43,406	26	24	1.3	非鉄	17.7	紙パ	12.8	石油	11.4
高知	5,955	46	46	0.2	電子	18.5	食料	13.2	一般	10.1
福岡	86,217	14	13	2.6	輸送	24.1	鉄鋼	11.8	食料	9.9

佐賀	19,640	38	38	0.6	電気	18.5	食料	15.6	輸送	11.0
長崎	19,282	42	39	0.6	電子	26.4	輸送	23.4	一般	19.0
熊本	29,560	30	30	0.9	輸送	18.4	電子	14.1	一般	11.1
大分	42,510	24	25	1.3	化学	14.8	石油	14.2	鉄鋼	13.1
宮崎	14,367	43	43	0.4	食料	17.9	電子	15.2	化学	12.4
鹿児島	19,929	37	37	0.6	食料	30.2	電子	20.8	飲料	18.4
沖縄	5,599	47	47	0.2	石油	29.0	食料	25.4	飲料	11.0

注：アミカケ部分は輸送関係を示す
出典：経済産業省経済産業政策局調査統計部『平成19年工業統計表「産業編」』。

い比率を示している県を列挙すれば神奈川県、静岡県、三重県、広島県、福岡県と続いており、いずれも20%から30%という高い比率を示している。さらに10%以上の県をあげればその数は20県近くに達するのである。このように考えてみると、改めて自動車産業に代表される「輸送用機械器具製造業」が地域産業振興に与える影響力の大きさを理解することができる。

ここでは、こうした性格を有する自動車及び同部品産業に焦点をあてて、同産業の地域振興に与える影響の現状と問題点、将来展望について検討してみることとしたい。

(6) 後退期のなかでの「グローバル拠点」の形成

2008年後半に入り、日本自動車産業はアメリカの景気後退を受けて厳しい情況におかれた。2007年までGMを抜いて世界第1位の自動車生産企業になるか否かと言われてきたトヨタも2008年半ばに至り、アメリカ市場の収縮、BRICs市場での伸び悩みに鋼材高、原油高も手伝って販売台数を減少させた。08年7月のアメリカ市場での新車販売台数は前年同月実績を11.9%下回る落ち込みだった（「日本経済新聞」2008年8月3日）。トヨタだけではなく日産、ホンダをはじめ日系企業は軒並み販売台数を減らし連結純利益を減少させた。燃費性能が良い小型主体の日本車が世界市場で高い評価を受け、これを追い風に日本自動車産業のグローバル展開は急速に進行したのだが、08年にいたり1年前の勢いは失われている。ましてや大型車中心の「ビッグ3」の落ち込みは日本車以上で、GMは08年6月決算で1.6兆円の赤字を出して無配に転落した（「朝日新聞」2008年8月2日、

「日本経済新聞」2008年7月29日)。

　日本の自動車生産は2006年には国内生産1148万台、海外生産1124万台で、2007年にはついに海外生産が、国内生産を凌駕するに至った。国内生産の約半分の500万台が輸出に向けられており、この輸出分に海外生産分を加えた約1600万台、つまり全体の75％が海外市場に依存するかたちで生産が展開されている。2006年の世界全体での自動車生産台数が約6000万台であったことを考えると、約3台に1台が日本車であった。不景気とはいえ、日本車の占める比率は大きなものがあったことがわかろう。さらに2008年に入ると、ドル安を利用して在米日系自動車メーカーが、アジア地域やロシア地域といったBRICsへの自動車輸出を拡大し始めるなど、新しい動きも出はじめていた。

　こうしたなかで、景気後退局面にあるとはいえ、日本が、全世界に展開した生産拠点での自動車生産の開発の役割を担っていたことは以前と変わりはない。具体的に述べるならば、日本の自動車メーカーは、日本、北米、欧州の3大開発拠点を有して、世界市場への生産対応を実施しているとはいえ、それはあくまでも各市場仕様の車の開発を担当していたのであって、プラットフォーム、あるいはアンダー・フロアと称するエンジンと足廻りを主体にした基本部分の開発と設計は、あいも変わらず日本国内で実施しているのである。つまりは、日本の自動車会社のウエイトがグローバルになればなるほど、日本は基本部分の開発と設計を担当する「グローバル拠点」としての役割も期待されていくことになる。

　もっとも、日本国内の自動車生産拠点を見た場合、開発機能をもった生産拠点とそうでない生産拠点の2種類に分類できることをあらかじめ指摘しておく必要があろう。

　表5は、日本全国の研究開発拠点一覧である。寒冷地用研究センターが集中す

表5　日本全国の研究開発拠点

地方・都道府県	市町村	メーカー	研究拠点の名称	設立年	人員数	その他（研究内容等）
北海道	美深町	富士重	スバル研究実験センター			
	河東郡	三菱自	技術センター十勝研究所			
	勇払郡	いすゞ	㈱ワーカム北海道	2002	152	自動車私見・研究受託／施設・設備の賃貸

関東	栃木県	芳賀郡	ホンダ	4輪R&Dセンター	1960		4輪車の総合的な研究所
		葛生郡	富士重	スバル研究実験センター	1989		
		さくら市	三菱ふそう	喜連川研究所	1980		トラック・バスに関するABS試験、電波試験、エンジン研究、駆動試験
	埼玉県	和光市	ホンダ	4輪R&Dセンター	1982		4輪車開発のデザイン関連部門
	東京都	港区	トヨタ	東京開発センター	2005		電子システムの先行開発
		日野市	日野	日野本社工場			
		港区	三菱自	東京デザインスタジオ			
	神奈川県	横須賀市	日産	総合研究所(追浜地区)			
		厚木市	日産	日産先進技術開発センター(NATC)	2007	2000	
			日産	テクニカルセンター			
		横浜市	日産	パワートレイン開発本部			
			スズキ	本社開発部横浜研究室			研究・開発
			いすゞ	アイ・シー・エンジニアリング㈱	1994	75	自動車関連プラントエンジニアリング
			いすゞ	㈱トランストロン	1990	230	エレクトロニクス関連部品の開発製造販売
			マツダ	マツダR&Dセンター横浜	1987		先行商品の企画、先行デザインの調査研究・開発、重要新技術の先行研究
		藤沢市	いすゞ	㈱いすゞ中央研究所			先行技術の調査・研究開発
			いすゞ	いすゞエンジニアリング㈱	1984		自動車の開発・設計関連業務
		川崎市	三菱ふそう	川崎製作所／技術センター			排出ガスのクリーン化、騒音の低減、リサイクル、ハイブリッド電気自動車の開発や予防安全・衝突安全
		平塚市	日産車体	開発センター			
東海・中部	静岡県	裾野市	トヨタ	東富士研究所	1966		車輌及びエンジンの新技術研究
	愛知県	豊田市	トヨタ	本社テクニカルセンター	1954		製品の企画・デザイン・設計・試作・車輌評価
			トヨタ	㈱豊田中央研究所	1960		
		岡崎市	三菱自	技術センター岡崎地区	1977		
近畿	大阪府	伊丹市	ダイハツ	ダイハツテクナー㈱	1966	661	
	京都府	京都市	三菱自	技術センター京都地区			
中国	広島県	安芸郡	マツダ	本社研究開発部門			商品・技術企画、デザイン開発、商品開発および育成、重要新技術の先行研究

注:設立年、人員数、その他(研究内容等)の空白部分は、判明しなかったため空欄とした。
出典:各社HPならびに報道資料を基に作成。ただし、テストコース・試験場は除く。

る北海道を除外すれば、各社の研究開発拠点は、関東の首都圏広域地域と東海・中部、近畿・中国に存していることが判る。つまり、日本の自動車生産地は大きく開発機能を有する首都圏広域地域（東京・神奈川・埼玉・群馬・栃木）、東海・名古屋地域、近畿地域（大阪・京都）、広島地域と、機能を持たず単なる生産地域としての東北（岩手）、北部九州（福岡・大分・熊本）とに分けられるのである。もっとも後者の北部九州は、生産台数の急増と東アジア展開の要としての地政学上の位置から、近年東アジア展開をしている日系自動車メーカーのマザー機能と東アジア市場向けの開発機能を備える動きを見せはじめている。

それだけ東アジアにおける自動車生産の拡大は目覚しいということになる。事実、2000年代以降注目すべきことは、自動車の生産や販売の増加が、先進国からBRICsと称される東アジアの中国を含む開発途上の大国へ移り始めているということである。とりわけ中国での自動車生産と販売の増加は著しく、中国は、2006年には自動車生産世界第4位に、そして09年にはドイツ、日本、アメリカを一挙に抜いて世界トップのポジションを占める自動車生産・販売大国へと成長したのである。アジア地域と近接した北部九州の地理的位置の重要性は、中国、インドの自動車生産・販売の飛躍的拡大抜きには考えられない。北部九州の各社は、その地理的条件ゆえにアジア展開をしている日系生産工場のマザー機能を果たすことを期待されてきているのである。さらに最近では、開発機能の一部を東海・中部から移転する動きも見られたのである。

(7)「グローバル拠点」化に対応した開発拠点での自動車部品産業の再編

ここ1、2年におきた大きな変化の1つは、自動車部品産業の再編成が急速に進行してきたこと、特にトヨタ系自動車メーカーとの取引を拡大してきている部品メーカーが増えてきたことである。東北地域を例に取れば、かつて東北は日産との取引関係を主とする部品メーカーが主流だった。福島県の日産エンジン工場を東北の拠点として北方に向かって扇を広げるように東北各県に日産の調達圏が広がっていた。ところが、2000年代に入り岩手を拠点とした関東自動車がその生産台数を30万台規模に拡大し、さらにトヨタが完全子会社化したセントラル自動車がその生産拠点を神奈川県から宮城北部に移転することを決定し、その

2010年の移転実施に伴い、かつて日産系と称された東北の部品メーカーは、トヨタへの拡販に全力をあげ始めたのである。セントラル自動車の宮城移転は、県側の誘致の熱意と移転を契機に近代化を図りたい企業側の期待が重なって実現したものだったが、この結果、元の工場所在地の神奈川県相模原市の税収入は痛手を受けるが、逆に宮城県はそのぶん恩恵を受けることとなる。こうして全体的に見れば、東北地域はトヨタの部品供給圏へと変貌を開始しているのである。

　この動きは東北だけではなく、北海道、関東地域でも、北部九州地域でも出てきており、全般的にトヨタが旧日産系部品メーカーにその調達先を伸ばし始めているのである。例えば北海道の場合には、道南の苫小牧市と千歳市にトヨタ系の工場が稼働している。苫小牧市では1992年からトヨタ自動車北海道が生産を開始し、AT（自動変速機）やギアなどの鍛造部品を生産しているし、アイシン北海道がAT部品を、いすゞエンジン製造北海道が小型エンジンの生産を開始した。苫小牧市に近い千歳市でもデンソーエレクトロニクスが車載センサー生産を開始している。主にトヨタが中心になって道南地域の自動車部品産業を育てはじめているのである。北部九州でも91年のトヨタ九州宮田工場を皮切りに05年にはトヨタ九州苅田工場が新設された。しかし苅田工場では足りないエンジンを年間22万基トヨタの豊田市上郷工場から運んでいたが、北九州空港に隣接する北九州臨空産業団地内に新工場を建設、09年から稼動を開始した。ここでは排気量2.4リットルの中型ガソリンエンジンの生産を開始している。エンジン生産は愛知県を除けば北九州工場が唯一の県外工場である。各産地はいずれもトヨタの工場進出を歓迎しているが、それは「育てるトヨタ」の言葉通り、要求はきついが、達成すればその見返りが保障されるトヨタの購買のやり方が部品メーカーサイドには受入れられやすいからだといえよう。

　ホンダのビジネスもトヨタ同様、首都広域圏で拡大を示し始めた。ホンダは、2012年に埼玉県寄居に新工場を建設し乗用車生産を拡大する予定である。また、同時に部品調達範囲を拡大している。ホンダは菊地プレス工業や三桜工業、大同特殊鋼への出資比率を引き上げた。合併攻勢に備えるということもあるが、技術流出を防止し部品の安定供給を確保するため従来の方針を転換し系列化を図りはじめていることが根底にある。「集中のホンダ」と称される所以である。2006年12月にサンルーフや燃料タンクなどを生産する八千代工業を子会社化したこと

などはその1つの動きだが、それ以外にこれまでホンダに納入したことがない部品メーカーがホンダへの部品納入を開始してきている。例えばトヨタ系といわれる愛三工業の事例などはそれに該当しよう。愛三が生産するディーゼルエンジンの排気ガス再循環装置のクーラーバイパスバルブをホンダの欧州向け「アコード」のエンジン用に供給するというものである（「日刊工業新聞」2008年7月24日）。

　日産はまた前2社とは異なる戦略を展開している。前2社が、部品メーカーを取り込んでいこうという戦略をとっているのに対して「選択の日産」といわれるように、むしろこれまで抱え込んできた部品メーカーを手放す方向を一層進めている。2000年代初頭の日産の部品メーカーの持株放出による系列解体は有名な話だが、日産は、単に系列を解体させただけでなく、逆にカルソニックカンセイ（CK）を自社の子会社化したように抱え込む動きも見せてきた。まさに放出と抱え込みという「選択戦略」を日産はとってきているのである。そうしたなかで、日産は、世界の趨勢ともいうべき「グローバル調達」への道を積極的に推し進めている。これに対応して旧日産系部品メーカーは積極的に他社拡販を図っているのだが、必ずしもそれが達成されている部品メーカーは少なく、多くは日産依存度が60％を超えている。日産のバックアップも安定取引も期待できないままに他社拡販を進めることは至難の業だといわなければならない。

　系列を切り離した結果日産にも幾つかの問題点が指摘されている。それは品質面での問題点である。むろんこのことは日産の審査基準に甘さが見られるということを少しも意味するものではない。しかし日産の問題点は、アメリカの調査会社J・D・パワー・アンド・アソシエイツの米国自動車初期品質調査が如実に示すように、その不具合指摘件数が、日産高級車ブランド「インフィニティ」ではポルシェに次ぐ第2位とトップを占める一方で、日産平均ブランドは業界平均を下回ったことである（「日本経済新聞」2008年8月14日）。品質維持に若干のばらつきが見られるということであろう。日産はこの辺を考慮して素早く対応し、新規部品採用時に綿密な審査を実施するために部品審査資格者を大幅に増やす方針に転換した。

(8)「グローバル拠点」化に対応した開発拠点での自動車部品産業の課題

　では、「グローバル拠点」化に対応して、日本の自動車部品企業に求められているものは何か。1つは研究開発拠点での部品企業のポジションを維持するための研究開発費の維持と拡大である。例えば日産傘下のカルソニックカンセイの場合だが、研究開発に2008年から12年までの5年間で1500億円を投下して電動コンプレッサーなどの開発を通じて新製品・新技術を市場に投入する。さらにはハイブリッド車や電気自動車用のコンプレッサーなどの開発を実施する予定だという。カルソニックカンセイというと日産へのモジュール製品の供給で知られているが、他社拡販を通じて開発力を向上させることを模索してきた。またそのために関東各地区に分散していた開発センターをさいたま市に集中させたのである（「日刊工業新聞」2008年6月5日）。

　しかし開発拠点化のなかでもその鍵をなすものは、HV車やEV車開発と関連したエレクトロニクス化に対応した部品の開発である。実際トヨタは2010年までにHV車「プリウス」の年間100万台生産体制を整備するとしており、同じく2010年までには家庭用電源で充電できるHV車の販売を計画している。ホンダもまた2009年に「インサイト」を廉価で発売し50万台販売を目標に「プリウス」との間で"PI"戦争を繰り広げた。その他日産は10年までにEV車「リーフ」を北米市場を中心に世界で販売する準備を進めている。こうした流れのなかで部品メーカーも高度なHV開発技術を持つことが要求されてきているのである。自動車メーカー各社は、開発の心臓部ともいうべき電池の開発・生産のため電機メーカーとの連携を強め始めている。トヨタは松下電器と合弁でニッケル水素電池を、日産はNECとリチウムイオン電池を、ホンダは当初、三洋電機からの供給を考えていたが、松下電器が三洋電機を買収したため、トヨタとの競争関係を考慮し、ニッケル水素電池の供給先をGSユアサに切り換えたし、三菱自動車はGSユアサ、三菱商事と合弁でリチウムイオン電池会社の設立を、マツダは三洋電機からニッケル水素電池を、そして富士重工業はNEC子会社からのリチウムイオン電池の開発をそれぞれ計画し実施し始めているのである。

　自動車メーカー各社共にHV車の開発と生産に乗り出しているわけだが、その

中核部品が電池にあることは明確だろう。それゆえ各社は、有力電機メーカーと提携しつつその開発と生産を具体化しているのである。トヨタを例にとれば、トヨタと松下電器が合弁で設立したPEVE（パナソニックEVエナジー）は静岡県の湖西市に境宿、大森の2つの工場を持つが、トヨタのHV車100万台構想を具体化するために新たに2010年に宮城県の大和町にニッケル水素電池工場を設立した。人材確保と災害対策も兼ねた危険分散の意図もあって宮城県が選択されたという。

HV化と関連した部品の開発は単に電池だけにとどまらない。HV化のなかでもその中核部品を占める可変電圧システム「パワーコントロールユニット」（PCU）は重要部品だし、大量の電力を確保するための高性能整流器であるコンバーターも見逃せない部品である。こうした部品の生産は、元来がブラックボックス化されてカーメーカーの内製品だったが、07年にはトヨタはPCUをデンソーに発注、コンバーターでもデンソーと豊田自動織機が激しい受注合戦を展開した（「日刊工業新聞」2008年7月25日）。

しかしデンソーや豊田自動織機といった大手の部品メーカーだけがこうした最新技術を支えているわけではない。実は、異業種や地方の中小企業がそれを支えているという側面も無視はできない。例えばガソリンとモーターを切り替えて走らなければならないHV車の場合には、モーターの回転角度を正確に探知する角度センサーが重要な役割を演ずるのだが、その製造においては航空機や宇宙電波観測に使用されるセンサー技術を応用する必要があり、この分野で高い技術を有する多摩川精機（長野県飯田市）から供給を受けている。同社は資本金1億円、従業員650名の地方の中堅企業だが、他に追随を許さない高い技術力を所持している。またハイブリッド車が使用するモーターコアを生産しているのは北九州に拠点をもつ三井ハイテックである。この三井ハイテックは、打ち抜いた電磁鋼板を、かしめてモーターコアを作るのだが、そのための独特の技術を有している。

以上のように考えてみると、ハイテク技術は決して有名大企業だけが支えているわけではない。むしろTier2以下の中堅企業がそうした高い技術を支えているわけで、その集積がカーメーカーの誇るハイテク技術に結晶するものである。したがって、こうしたカーメーカーのニーズに応ずるオンリーワン技術の修得こそが、部品メーカーの生き残りの鍵となるのである。

逆に、カーメーカーが地方に生産拠点と開発拠点を作り上げていこうという動きも積極化してきている。その対象地は北九州であり、該当企業はダイハツ工業である。ダイハツ工業は2004年12月に大分県中津市に大分工場を建設した。それ以前から北部九州には日産、トヨタが工場を稼動させており、ダイハツの大分進出は、この地域の自動車生産基地化を加速化させるものであった。07年12月には第2工場を完成させ、さらに08年8月には久留米市にエンジン工場を完成させた。2010年4月には福岡市に開発拠点を作る予定だったが、販売不振により延期を余儀なくされた。この間ダイハツは、明石機械と新日本機械を合併させて新会社を設立する一方で、09年7月明石機械は福岡県に変速機工場を新設した。07年には輸送会社の豊能運送を子会社化したが、豊能は中津市に大分営業所を開設しタイヤ・ホイールの組立・納入を開始した（「日刊工業新聞」2008年5月23日）。こうした動きを踏まえてダイハツは前述したように2010年4月を目処に開発拠点を立ち上げる予定なのである。大分県の中津を重要生産拠点とするには、ここに開発拠点を設定できればより一層地場企業との関連が深まるし、現地調達率を高めることも可能となる。そうした意図が見えるダイハツの北九州開発拠点化の戦略なのである。もっともこうした構想をより実り多いものにするには、北部九州の地場企業の開発能力の向上が不可欠となろう。しかし後述するようにここに大きなボトルネックが控えているのである。

(9)「グローバル拠点」化に対応した生産拠点での自動車部品産業の課題

　生産拠点での自動車部品産業の課題はどこにあるのか。第1に要求される課題は生産技術の向上であり、換言すればQCD向上への限りない努力である。このQCD向上の努力も、産学官あげての連携による向上が必要となる。特に地域産業振興の鍵を自動車部品産業が握っている場合には、地域での官と学の果たす役割が大きい。官の役割は労働者のトレーニングに始まり、地場企業間のコミュニケーションづくり、カーメーカーやTier1メーカー主催の商談会に関する情報提供など、多岐にわたる。大学やその他の教育機関の役割はここで改めて指摘する必要もなかろう。技術開発の支援に始まり経営者の意識教育、従業員の技術教育などその支援の範囲は多岐に及ぶ。著者自身少なくない数の地域振興事業にア

ドバイザーとして参加してきた経験をもつが、産官学3者の連携がうまくいっているケースとそうでないケースが見られたように思う。官が事務局に徹し産と学をうまくコーディネートしている場合にはいいのだが、ある地域では、官が事務局機能を逸脱し産と学を縛ってしまうという場面をしばしば見た。産官学といった場合にもどこが主導権をもって進めるかは熟慮が必要とされるところであろう。

ところで、日本企業の現場力を支えてきたQCサークル運動にも近年大きな変化が生まれてきている。トヨタではこれまで月2時間と決められていた残業代の上限を撤廃し全額支払う事を決定した。つまりはQCサークル活動を「自主的な取り組み」ではなく「業務」と認定したわけで、トヨタのこの決定が業界全体に及ぼす影響は大きい。今後は、これを業務と認定した上で如何にQCサークルの持つ「ゲンテイ（原価低減）」活動を維持していくかが大きな課題となろう。

第2に問題としたいのは、地域の産業を支えるTier2、3の力の強化である。Tier2、3の自動車産業への参入は、地域産業振興の鍵であり、かつ地域の活性化の原動力でもある。しかし実際に参入に成功した事例というものは極めて少ない。その理由は、自動車産業の特性を把握していないTier2、3の経営者が数多くいるという点にある。自動車産業は他の電機電子産業と異なり参入に極めて長い期間を必要とし、その間現場改善、提案力の強弱が厳しく試される業種である。この厳しいテストに耐えうるためには経営者自らの意識改革が求められる。しかし電機部品産業などでいったん投機性の「魅惑」を知ってしまった経営者は、継続性・着実性はあるが、低収益で忍耐力を要する自動車産業のビジネス慣習に慣れることが難しい。しかもこの厳しさは、単に経営者のみならず従業員も共有せねばならぬものなのである。経営者と従業員一体の意識改革が実現できたもののみがこの狭き自動車産業への参入という課題を実現できるのである。

第3に問題としたいのは、地域の産業を支える企業誘致である。これまでは多くの場合にはカーメーカーとこれまで取引のあったTier1、2メーカーが、カーメーカーに随伴進出してくるケースが圧倒的だった。しかし近年グローバル化のなかで外資系企業の進出が増え始めた。外資系といっても主に欧米系部品企業が圧倒的だが、これからはアジア系、なかでも中国、インド、韓国系部品企業の地場進出が予想される。後述する今後の展開を考慮すれば、こうした企業の誘

致は地場産業活性化の鍵を握る事になるかもしれない。その際には地場の日本のTier2、3企業がこれを快く迎えることができるか否かが決定的に重要となろう。多くの場合にはその辺の融和がうまくいっていないというのが現状なのである。

　第4に問題としたいのは、カーメーカーを持たない地域産業の振興を如何に実現していけばいいのか、という問題である。一般的にはカーメーカーを頂点にピラミッドを形成した広い産業の裾野をもった産業として自動車産業は地域に根を下ろし雇用や出荷額で大きな影響力を地域産業にもたらす。前述した日本の自動車産業集積地域はみなこの種の産地に属する。しかしこうしたカーメーカーが無いか、当面誘致を期待できない場合にはいかなる地域振興策を立てるべきか、という問題がある。北海道、北陸、四国などはこの課題を抱えていよう。そうした場合の1つの可能性として広くはアジア、具体的には中国自動車産業と連携した部品供給基地化構想が浮かび上がる。現在中国自動車産業は、「昇り龍」のような勢いでその生産、販売台数を増加させている。日本を抜きアメリカと並び、それをも凌駕する自動車大国へと変貌していることは間違いない。そうした変化のなかで、早晩中国自動車企業は、独自の設計・開発能力を身につけることになるであろう。そうなった時、地理的に隣接した地域に位置する日本は、その部品供給基地として大きな期待がかかるはずであろう。言い換えれば中国のカーメーカーという、なおこれからでも参入可能なピラミッドが現在身近にそびえ始めている、ということなのである。こうした参入可能な中国自動車産業へ設計・開発の段階から関与する可能性を追求することこそが、カーメーカーを頂点に持たない日本の地域部品企業の戦略でなければならない（小林英夫・丸川知雄編『地域振興における自動車・同部品産業の役割』社会評論社、2007年）。

　この戦略を延長していけば、中国のみならずロシア自動車産業もその射程に捕らえることが可能となるはずである。新潟や秋田などの日本海沿岸の港からウラジオストックに展開されるロシア自動車産業への部品供給や、ロシアの港を経由してシベリア鉄道で遠くモスクワやサンクトペテルブルグのカーメーカーに向けての部品供給構想もクローズアップされよう。

おわりに

　以上、日本の地域産業集積を自動車産業の視点から大きく開発拠点と生産拠点そして生産拠点になる可能性を有している地域の3つに分類してその抱える課題と克服の方向性を論じた。2009年現在、日本のみならず世界の自動車産業が景気後退により生産調整を余儀なくされ、それゆえにこそ地域産業の振興がこれまで以上に重視されるべきである。それが抱える問題点の摘出と今後の克服のための方策を提示した。その際特に強調したいことは、日本の産業振興対象地のなかでカーメーカーが存在せず、かつ誘致の可能性が乏しい地域でいかに自動車部品産業を育成していくか、という課題を検討したことであった。そしてその「解」としての隣国中国およびシベリア地区さらにはウラル以西の在ロシア日系企業への部品供給基地としての日本部品企業の役割だった。秋田、山形、新潟さらには北陸、山陰地域に特にその可能性を見出すことができるというのが本稿で強調したい論点の1つであった。

2　東北地区における自動車産業集積

はじめに

　ここでは、新興自動車産業集積地である東北地区に焦点をあてて地域行政の産業振興政策の展開過程を検討する。まず東北地区での産業集積の現状を概観し、つぎには、東北での自動車・部品産業振興に向けた地域行政の展開の具体的な姿を追う。ここで対象とするのは宮城県、山形県そして岩手県の3県である。そして最後に今後の産業振興に向けた課題を企業、地方行政両面で見てみることとしたい。

（1）東北地区における自動車産業集積の現状と課題

関東自動車工業岩手工場の動向

　東北唯一の完成車メーカーである関東自動車工業の生産動向が、そのまま東北の自動車生産動向となるが、同社の生産のスタートは1993年にさかのぼる。その後順調に生産台数を伸ばし、2000年には10万台を突破し11万5000台を記録し、05年には15万台を突破し、17万4000台を記録した。さらに2004年には第2ラインの建設に着手し1年の短期間で立上げを行い国際的な小型車生産の拠点へと発展した（「日本経済新聞」2006年1月12日）。こうして06年には小型車含め29万3000台規模、07年には「ヤリス／ベルタ」「オーリス」「ブレイド」の3車種に新型車をまじえて36万台生産を目標に増産計画を推進し、06年28万台、07年30万台、08年35万台に達した（次頁図15）。生産車種のうち、「ヤリス」は高岡工場から移転した車種で、対米向け輸出車輛として増産が期待されているし、いま1種はカローラなどのコンパクトカーで、それ以前に生産していた「レクサス」や「マークX」などは、「ヤリス」などとの交換で田原工場やトヨタ九州などに移管した。つまり、関東自動車岩手工場は、「カローラ」などの輸出小型車工場の位置づけが鮮明となっているしワールドカーである「カローラ」を生産することで、トヨタの海外生産を支援しようとした（「日刊工業新聞」2005年7

図15　生産台推移数

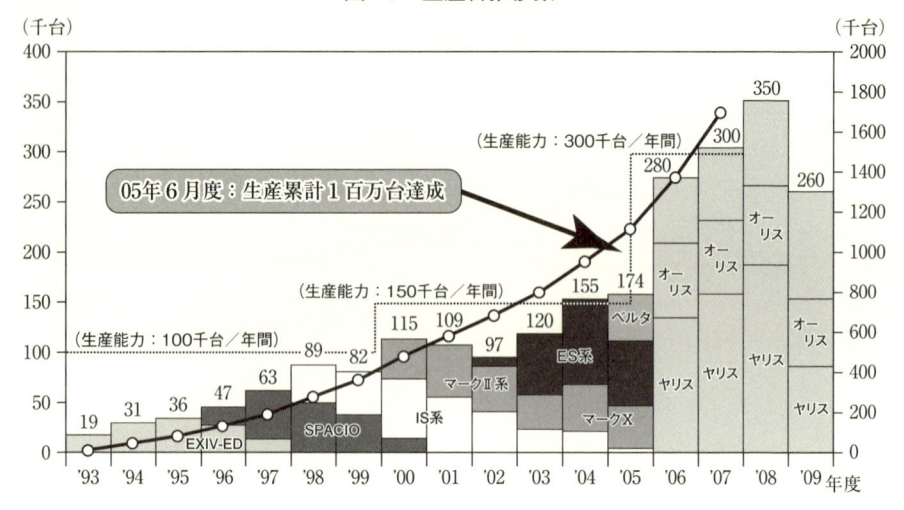

出典：関東自動車工業㈱資料をもとにヒアリングをふまえて著者が作成。

月8日）。2008年から09年にかけての不況の影響で、対米市場向け生産が減少し、09年には26万台まで生産が減少したが、生産調整を経て回復基調にある。

　部品に関しては、基幹部品に関しては中部地区から、オートマチック・トランスミッションは苫小牧のトヨタ自動車北海道から供給を受けるなどしているため08年度の部品現調率は43％にとどまっている。しかし別のインタビュー調査（2010年3月12日、仙台）では、現調率は38％程度だという意見もあり、異なる見解がある。しかし、その数値がどちらであるにせよ、今後その引上げが課題となっている。関東自動車は、2010年までに現調率を50％まで高めていく方針で、そのために他地域からのTier1企業の誘致や、Tier2企業の品質・コスト・物流面での改善やその質的向上の現場指導を展開すると同時に、県や市も後述するようにさまざまな施策を展開している。またこの工場は2006年にアメリカのISQ（顧客満足度調査）でプラチナ賞を受賞するなど海外から高い評価を受け成長している（「日刊工業新聞」2007年2月22日）。

セントラル自動車の東北進出

 2010年段階での新しい動きは、神奈川県相模原市にあったトヨタ系のセントラル自動車が、1950年からの長い歴史を閉じて宮城県黒川郡大衡村の第二仙台北部中核工業団地に本社と工場を移転して、2011年1月を目途に本格操業に入ることである。これまでは、コンパクトクラスの国内および輸出向け車両を生産していたが、当初はトヨタ小型車「ヴィッツ」ベースの小型HV車を中心に12万台規模でスタートする予定で、関東自動車と合わせて50万台生産体制を目標とする。これと合わせて、2009年5月にはホイールを生産する太平洋工業が進出、8月には豊田紡織東北がシート工場を建設した。さらに2010年1月にはパナソニックEVエナジーがセントラル自動車に近い宮城県大和町に宮城工場を立ち上げた。ここからHV車用のニッケル水素電池を生産し、トヨタ系企業に供給するのである。

東北地区で進む部品企業の集積

 関東自動車工業岩手工場の生産拡大を受けて、東北地区での自動車部品産業の集積も進みつつある。東北地区での自動車産業の事業所と出荷額推移を見てみよ

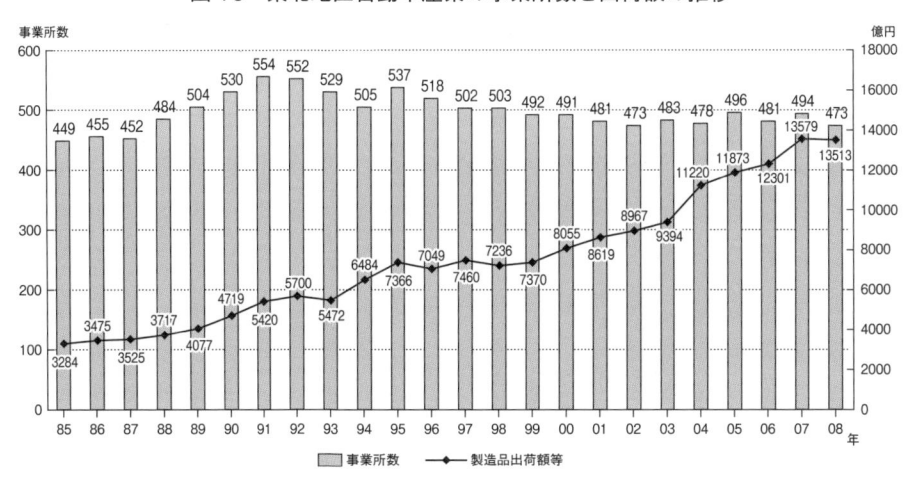

図16 東北地区自動車産業の事業所数と出荷額の推移

年	事業所数	製造品出荷額等（億円）
85	449	3284
86	455	3475
87	452	3525
88	484	3717
89	504	4077
90	530	4719
91	554	5420
92	552	5700
93	529	5472
94	505	6484
95	537	7366
96	518	7049
97	502	7460
98	503	7236
99	492	7370
00	491	8055
01	481	8619
02	473	8967
03	483	9394
04	478	11220
05	496	11873
06	481	12301
07	494	13579
08	473	13513

出典：経済産業省『工業統計』2010年。

う（図16）。事業所数は1985年以降増加を続け、91年に554社でピークを迎え、その後は緩やかな漸減を続けていることがわかる。それとは対照的に自動車関連の出荷額は1985年以降一貫して伸び続け、07年には1兆3579億円を記録しているのである。このことは、東北地域での自動車生産の拡大に対応した部品供給は、既存部品企業の増産に依存し、新規参入には必ずしも積極的ではないということを物語っている。むろんこの図には、現在は自動車関連産業に所属してはいないが、自動車部品産業への参入を準備中という企業は含まれない。したがって、参入に数年かかるといわれる部品産業予備軍を含めれば、実際に関連する部品企業数は、これよりもはるかに多いことが予想される。しかし例えそれらの企業数を含めたにしても、この間、部品企業数が大幅に増加したと想定することはできない。

次に東北地区を県別に分けてその出荷額を見たのが図17である。これをみると東北6県では、福島県が出荷額で第1位の地位を保持してきたが、2004年に急速に追い上げてきた岩手県にキャッチアップされ出荷額4000億円で並ばれるという変化が生れてきていることがわかる。もっとも05年以降は出荷額の増減を繰り返す岩手県とは対照的に、いったんおいつかれた岩手県をひき離して徐々

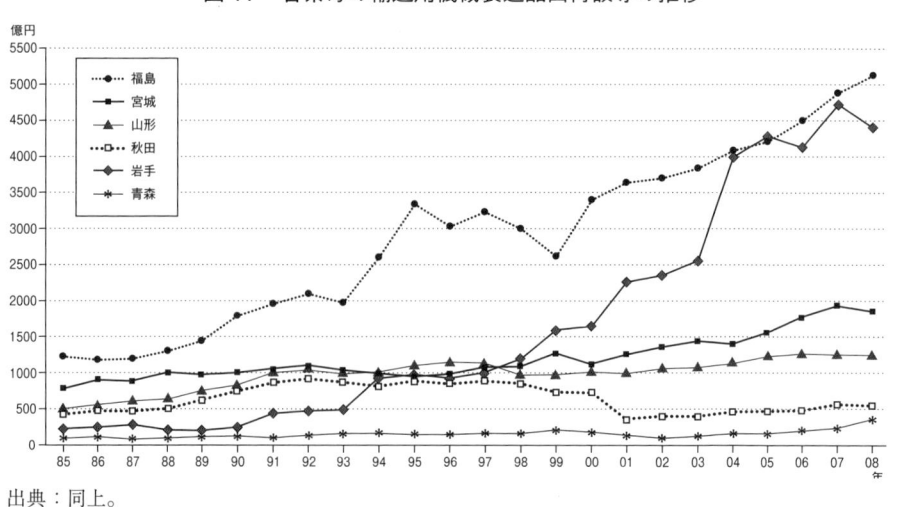

図17　各県毎の輸送用機械製造品出荷額等の推移

出典：同上。

図18　出荷額から見た東北の自動車関連産業集積の状況

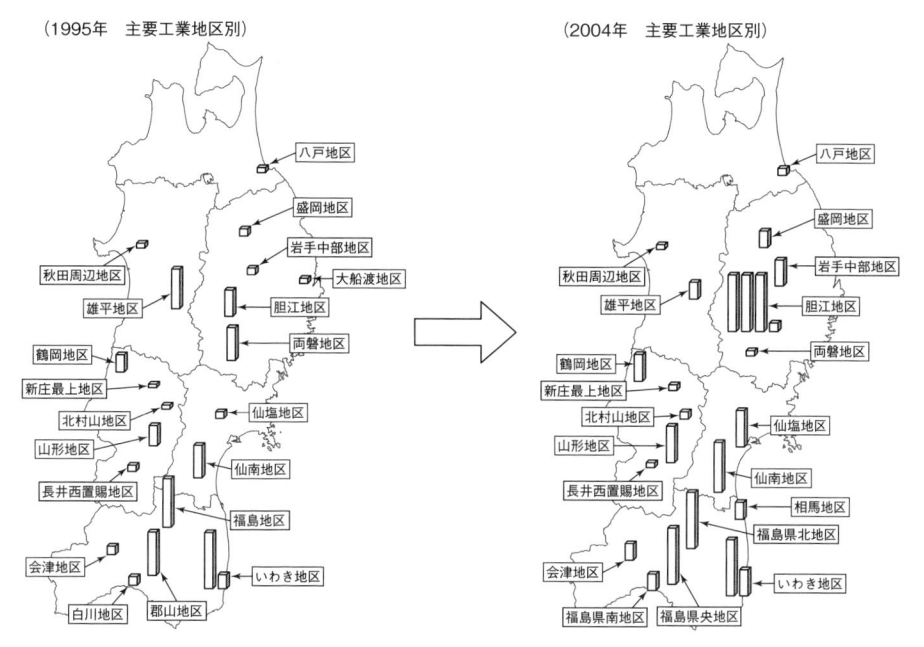

（1995年　主要工業地区別）　　　　（2004年　主要工業地区別）

出典：ほくとう総研において作成。

に福島県が出荷額を伸ばしてきている。この2県を除くと、宮城県が05年以降出荷額1500億円を突破して、2000億円のラインをめざしているのに対し、山形は1500億円のラインで漸減、漸増し、秋田、青森は500億円前後を推移している。

次にこれを1995年と2004年の2年間で比較して図示してみよう（図18参照）。大きな変化が生じているのは、やはり岩手県である。他の諸県は、福島県がすでに大幅な出荷額を記録していて高出荷額のレベルで変化が少ないことを除けば、青森、秋田、山形、宮城の各県が、低出荷額のレベルにとどまり、さほど大きな変化が生じていないことがわかる。この間急速な自動車関連の拡大を示したのは岩手県である。岩手県のなかでも1992年にアイシン東北が進出、翌年東北唯一の完成車メーカー関東自動車岩手工場が操業した岩手県金ヶ崎町を含む水沢、江刺市からなる胆江地区の伸びが著しい。2011年にセントラル自動車が本格的稼働をすることになれば、必ずや岩手、宮城両県の自動車関連集積に影響を与える

第1章　日本の自動車・同部品産業と地域振興　｜　77

図 19　東北地区における産業集積のイメージ

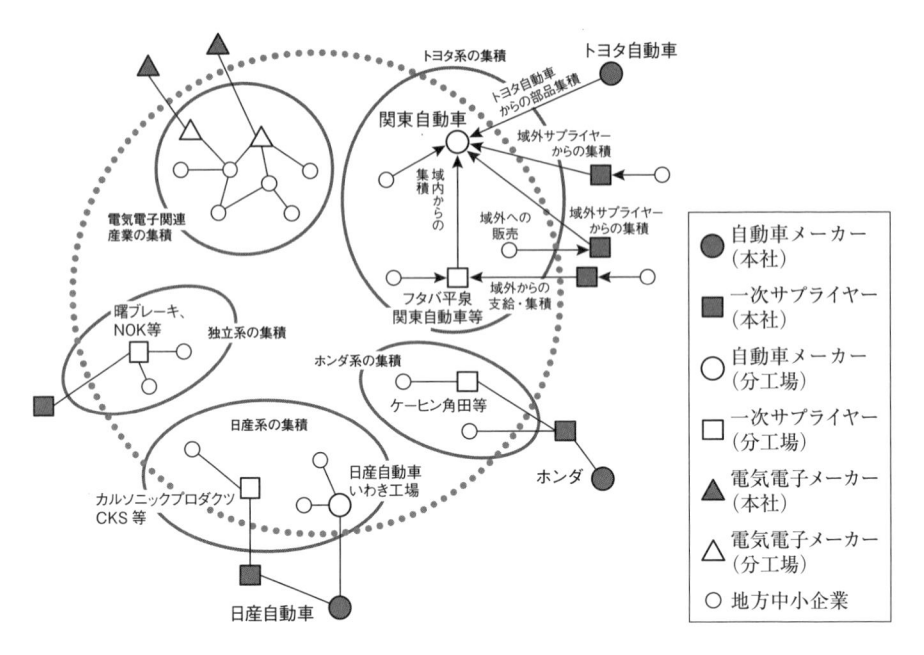

出典：東北経済産業局『東北の自動車関連産業の集積・活性化に向けた調査報告書』2006 年 9 月。

こととなろう。

　ではどんな企業が東北に分布しているのかを見たのが図 19 である。岩手県には関東自動車岩手工場を頂点にアイシン東北、フタバ平泉、関東シートに代表されるトヨタ系列の部品企業が、山形県には増田製作所やキリュウといったホンダ系の部品企業や曙ブレーキ、NOK 関係の独立系企業が、宮城県には関東自動車向けに制御ブレーキやサスペンション、アクスル（自動車の重量を支えたり走行中の路面からの衝撃を吸収したりする重要保安部品）、トルクコンバーターを生産するトヨタ自動車東北や 2010 年初頭に動き出したトヨタの HV 用の電池を生産するパナソニック EV エナジー工場（大和町）などトヨタ系の企業やケーヒンなどのホンダ系の部品メーカーが、そして福島県には日産自動車いわき工場やカルソニックカンセイ関連工場が集中している。秋田、青森県は、電気電子関連が中心で、これから自動車部品産業にどう参入するかが課題となっている。

78 ｜ 第 2 部　地域振興と自動車・同部品産業

低い現地調達率

すでに見たように東北唯一の完成車メーカーである関東自動車岩手工場の生産台数の増加を受けて該地での部品生産は増加の一途をたどっている。しかし現地調達率は、必ずしも高いものではない。金額ベースで見た現地調達率の推移を見たのが図20だが、開設当初の93年の26％と比較すれば05年には42％へ、08年には43％へと上昇した。工場の敷地内には「サテライト・ショップ」が設立され、そこにはシート関連の関東シート、フェンダーライナーのトヨタ紡織、ルーフなどを受け持つ豊和繊維製作所、ゴム関連の豊田合成などが入居して部品供給を担当し、これ以外に北上市にはケーアイケー、関東シート、岩手セキソー、河西工業などが進出し、花巻市の林テレンプ、平泉市のフタバ平泉、一関市の三光化成、ケイエムアクトが部品供給を担当するかたちで部品供給体制が構築されている。また県外ではアクスル供給を担当する宮城県のトヨタ自動車東北、アルミホイール、トランスミッション供給を担当する北海道のトヨタ自動車北海道があり、さらには機能部品であるエンジン系統の部品は、船便や鉄道貨物便で愛知方面や関東方面から供給されている。この集中購買部品輸送のため、JR貨物は愛知県東海市と盛岡間に部品輸送の専用貨物列車を運行している。したがって、東北地域に限定すれば、プレス、鋳鍛造といった重量物に関しては該地域への企業進出の結果、現

図20　現地調達の状況

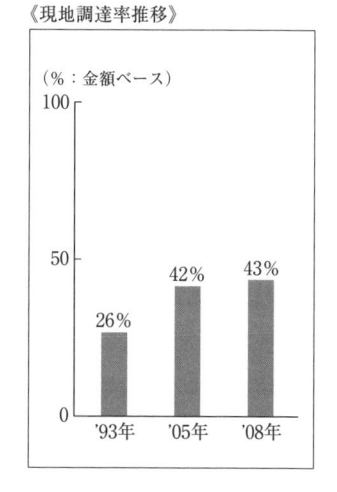

《現地調達率推移》
（％：金額ベース）
- '93年：26％
- '05年：42％
- '08年：43％

《企業進出の展開状況》

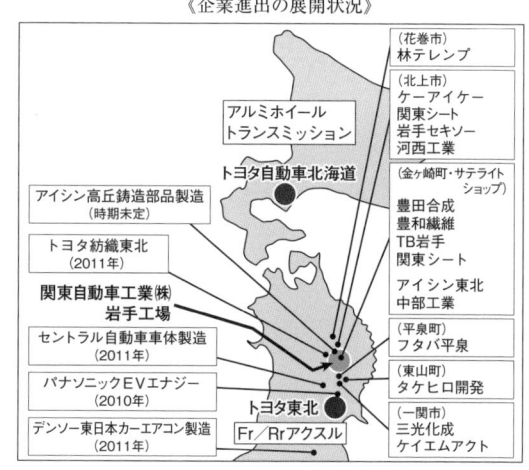

- （花巻市）林テレンプ
- （北上市）ケーアイケー、関東シート、岩手セキソー、河西工業
- （金ヶ崎町・サテライトショップ）豊田合成、豊和繊維、TB岩手、関東シート
- アイシン東北、中部工業
- （平泉町）フタバ平泉
- （東山町）タケヒロ開発
- （一関市）三光化成、ケイエムアクト

- アルミホイール、トランスミッション：トヨタ自動車北海道
- アイシン高丘鋳造部品製造（時期未定）
- トヨタ紡織東北（2011年）
- 関東自動車工業㈱岩手工場
- セントラル自動車車体製造（2011年）
- パナソニックEVエナジー（2010年）
- デンソー東日本カーエアコン製造（2011年）
- トヨタ東北　Fr／Rrアクスル

出典：関東自動車工業㈱資料。

地調達率の高まりが見られたが、小型・軽量・高付加価値部品に関しては、未だに関東、愛知からの一括購買、一括供給の結果、東北地域での現地調達率はゼロに近い。また重量物を中心に小型車生産が該工場に全面移行される06年度までには50％にまで引き上げることが目指されていたが09年段階でも未だに達成されてはいない。進出企業が求める品質やコストを満たす地場企業の数は大変少数で、地場企業の自動車産業への参入は困難を極めている。したがって、現地調達率という点では、すでに60％に達した北部九州や84％に達した中部・関東地区、70％に接近しつつある近畿・中国地区と比較すると大きな課題を残しているといえる。

(2) 東北地区が抱える問題点

開発機能の欠如

　関東自動車岩手工場が開発機能を持たないことが、この地域の部品企業にとって大きな弱点となっている。周知のように自動車の新規車種立上げに当たっては、設計開発は、カーメーカーと部品メーカーとの共同開発のかたちをとって行われる。いわゆるデザインイン体制である。この段階で、どの部品メーカーが何を担当するかを含めた生産のシステム体系が決定される。部品メーカーが、カーメーカーの開発部隊の近くにオフィスを構え、その情報を収集し、要請に応じてゲスト・エンジニアをカーメーカーに派遣する所以である。こと関東自動車岩手工場に関して言えば、2009年4月に開発センターを開設した。設立の最終目標は東北地区で生産する車種の開発を担当する点にあるが、現状においては、現調率の上昇、産官学での次世代自動車の研究開発推進が主な任務となっている。つまり厳密な意味での開発センター的機能を、未だに果たしてはいない。したがって、岩手県近隣の部品メーカーが参入するには、新車種情報を敏感に収集把握し、そのタイミングを見て、Tier1メーカーへの受注売込みのセールス活動を展開すると同時に、コストダウンに向けた具体的提案活動がなされなければならない。この点で東北に開発部隊が存在せず、関東・中部にそれがある距離的不利益が大きなハンディとして東北地区の自動車部品メーカーの前に横たわっている。

情報の欠如

したがって新車種情報は、東北地域の地場企業が自動車産業に参入する際、決定的に重要な意味をもっている。いつ、どんなかたちで新車の設計立上げが計画され、どんな部品の供給が必要とされているか、など参入に不可欠な情報を速やかに入手することが必須となる。そのためには、東北に進出したTier1企業を回ってセールスをする傍ら、その都度必要な情報を収集することが重要となる。したがって優秀なセールス部隊を擁することが参入の前提となる。東北の地場企業は、1950年代からの時計産業、70年代からの電機電子産業の基盤を前提に優秀な技術力を持った企業が少なくない。しかし、自動車産業に参入するのは、そうした技術力のほかに的確な新車開発情報の把握が必要となる。商談会への積極的な参加や県の機関を活用した情報の収集などが求められる所以である。

(3) 東北産業集積に向けた地域行政の動き

「とうほく自動車産業集積連携会議」の発足

関東自動車岩手工場の生産増強に応じて東北を自動車部品産業の供給基地とするため2005年7月に岩手、宮城両県が自動車関連産業を核とする地域産業発展に向けた連携で合意し、同年11月これに山形県が加わり3県が連携して広域的な取組みを展開する合意が成立した。これを実現するために06年5月「みやぎ自動車産業振興協議会」、「山形県自動車産業振興会議」が、同年6月には「いわて自動車関連産業集積促進協議会」がそれぞれ立ち上がり、これを母体に3県連携組織「とうほく自動車産業集積連携会議」がスタートしたのは06年7月のことであった。「商談会の開催」、「地場産業の自動車産業参入支援」、「研修機会の拡大」、「情報の共有」、「公的試験研究機関の連携」などを内容に東北地区での相互支援活動を展開し始めている。なお、同連携会議は、当初は岩手、宮城、山形の3県でスタートしたが、06年9月には「青森県自動車関連産業振興協議会」が、11月には「あきた自動車関連産業振興協議会」が、そして07年4月には「福島県輸送用機械関連産業協議会」が、それぞれ各県で立上げられ、全体として東北6県の連携会議へと成長してきた。そして2007年1月、東北6県は合同で「新技術・新工法展示商談会」を開催し、さらには07年2月にはこの6県に仙台市、

東北経済産業局などの参加した「東北地域投資促進セミナー2007」が名古屋で開催され08年11月には東北80社が出展して愛知県の刈谷市産業振興センターで「とうほく自動車関連技術展示商談会」が、ひき続き09年10月にはトヨタ自動車サプライヤーズセンターで東北38社出展で同様の商談会が開催されるなど、各種イベントにおいて情報交換が実施された。そして、2010年9月には神奈川県厚木市の日産テクノセンターで、10月には刈谷市産業振興センターで、それぞれ日産向けおよびトヨタ向け展示商談会を開催する（「日刊工業新聞」2010年3月12日）準備が進められている。

東北各県の取組み

東北各県は、以下のような自動車関連新興施策を展開した。地場企業の取引拡大・新規参入に関しては各県共にそれぞれ①情報提供の研究会、②マッチングのための商談会、生産技術高度化のためのアドバイザー制度による現場指導の強化、各種研修など、③自動車関連産業促進のための各種事業奨励、④専門教育プログラム、技術者派遣、ＭＯＴ講座など一連の人材育成プログラムが、技術開発に関しては「東北大学サイエンスパーク構想」に象徴される産学官連携による各種高度技術の開発が立案、実施されている。また企業誘致に関しては、①自動車関連企業の立地促進のための各種優遇制度の準備、②企業説明会の開催などが、産業基盤整備としては、各県共に①道路整備、港湾整備、鉄道輸送網の整備といったインフラの強化が急がれている。しかし各県の取組みと同時に東北地区の課題は、前述した東北各県をつなぐ研究会や公設試験研究機関の連携を通じた広域連携の推進と具体化であろう。推進主体として①「いわて自動車関連産業集積促進協議会」には232企業・団体が、②「みやぎ自動車産業進行協議会」には311企業・団体が、そして③「山形県自動車産業振興会議」には162企業・団体が、④「青森県自動車関連産業振興協議会」には99社、⑤「あきた自動車関連産業振興協議会」には150社、⑥「福島県輸送用機械関連工業協議会」には347社が、参加して活動しているのである。

(4) 東北各県企業の取組み

　では、こうした行政側の動きに対して東北各県企業はどのような動きを見せているのだろうか。東北企業を見ると、①すでに参入していて、その後需要の増加に照応してその生産量を増加させた場合と②他業種を主力として、今後自動車部品部門に参入しようとして成功した企業とがある。

　この間の東北地区の部品企業の特徴が企業数の増加ではなく、企業の生産増強にあることはすでに指摘した。既参入企業の多くは関東自動車岩手工場の増産にともないその生産量の拡大を進めている。

　供給量を増加させたのは、関東自動車岩手工場の設立そして増産にともない随伴進出したTier1企業が大半である。これらは本社がすでにトヨタや関東自動車と深い関係を有しており、その延長線で部品納入を前提に東北へ進出してきた企業である。アイシン東北はエンジン制御装置を生産しており1992年に岩手の工業団地に進出した、100％本社出資の完全子会社である。当初はエンジン制御装置中心だったが、次第に関東自動車岩手工場向けのボディ部品の比率が上昇し03年から04年にかけてはボディ部品の売上がエンジン制御関係を上回った。しかし04年以降は関東自動車岩手工場向け「ベルタ」のドア部品の受注が減少すると電子部品の売上が上昇し、2010年では電子部品・エンジン制御部品・車体部品の比率は7・3・1で、電子部品が圧倒的比率を占めている。

　次にトヨタ自動車東北を見てみよう。該社の東北への進出は1997年とアイシン東北より5年ほど遅れたが、100％トヨタの子会社で、同社もトヨタの東北進出を前提に進出した点ではアイシン東北と共通している。トヨタ自動車東北は第一工場ではABS、アクスルなど、第二工場ではトルクコンバーターなどを手がけている。主力は関東自動車岩手工場向けのアクスル生産である。

　トヨタはバブル経済が頂点に達した1990年代初頭に東北進出を検討したが、バブル経済が崩壊し、その後の景気低迷のなかで、進出は延期されてきた。したがって、操業当初のアイシン東北、トヨタ自動車東北両社はいずれも独自の販路拡大を必要としたわけで、アイシン東北は当初ドアフレーム、電子部品、エンジン部品など多様な製品を生産してきたが、やがて電子部品一本に絞った生産に変

えて関東自動車に製品の納入をしているし、トヨタ自動車東北も関東自動車岩手工場にはアクスルの全量供給を行っている。

両企業ともに現地調達率は著しく低く全量中部地区から供給を受けて組付けている。関東自動車へのTier1企業という点では共通しているが、コストダウンのためにも地場企業の積極的参入を強く希望している点では共通している。しかしこうした課題に応えられうる企業が地場に少ないことも事実である。

(5) 参入への取組みの事例

以下では、自動車部品産業への参入を試みた東北地区の企業の活動を紹介してみることとする。岩手県に限定してみると、2009年現在で自動車関連産業への参入は新規参入23件（うち地場14件）、新規受注34件（うち地場25件）を記録している（「岩手県庁資料」2009年12月）。以下、参入成功のケースを①共同化、②産学連携、③意識改革の3点に分け、それらの典型例をあげて紹介しよう。

共同化

共同化で参入を成功させた事例としてA社のケースが上げられる。資本金3000万円、売上は8000万円、従業員は170人で、中小企業のなかでも小企業の範疇に属する。生産品は、樹脂成型を中心にした車両用のシート用プレス部品である。A社は東北経済産業局や岩手県の支援を受けて、他の同業2社とともに「プラ21」を結成し、展示商談会などで技術力を宣伝し、大型成型機の導入などにより、関東自動車岩手工場のサテライト工場向けのシート関連部品の受注に成功した。同業者の場合共同受注には技術情報開示など困難な問題も少なくないが、経営者が危機感をばねに自動車産業参入に強い意思を持ったことや、3社の得意先が重なっていなかったこと、3社を結び付ける優れたコーディネーターが存在していたこと、などが重なって参入を果たすことができた。共同化でシナジー効果を生み、競争力を高めて自動車部品産業に参入するには、共同化する相互の企業が競争関係ではなく補完関係にあり、したがって顧客が競合せず、共同化で力が倍加することが重要である。2010年現在、電気関係の樹脂成型企業のD社が参加する準備を進めている。

産学連携

　B社の資本金は4000万円で売上は約8000万円、従業員は約200人であり金属の表面処理の専門企業である。1959年に防錆メッキ、亜鉛メッキを手がけたことから事業は開始されたが、75年頃から機能メッキを中心とする業務に転換し、岩手大学と連携して新表面処理方法の研究を開始している。この結果B社は硫黄有機化合物トリアジンチオールの薄膜を金属表面に形成することで接着剤をいっさい使用せずに金属と樹脂を直接結合させる特許技術の開発に成功、その後射出成型企業と組んでホンダの燃料電池車向けの部品供給に参入することができた。つまり燃料電池車の中核とも言うべき「キャパシタ」の電極と本体をトリアジンチオールで表面処理し、樹脂と結合することで部品を絶縁しつつ接着させることに成功したのである。この「キャパシタ」は、発進や加速時には放電し減速時には蓄電する機能を有しているが、電解液を容器につめ電極でフタをした構造とし、アルミ製の本体カバーと電極部分はプラスチック樹脂で絶縁する必要がある。この絶縁接着のためにトリアジンチオールの表面加工技術が不可欠となったのである。B社はこの技術を開発しホンダ傘下の部品企業に参入することで、操業開始当初20名に満たなかった従業員は、200人を超えるまでにいたっている。

意識改革

　意識改革を積極的に進めることで参入を果たしたのがC社である。資本金は3億円で売上は15億円。従業員は150人。東北地域のダイキャスト需要に応ずるために帝産ダイキャスト工業の支援を受け1981年に独立したC社は、主にホンダ系ケーヒンのマグネシューム、アルミニュームダイキャスト試験部品の生産に参入してきた。またC社は、1995年にメキシコのエルパソに工場を設立し、ここで生産したダイキャスト製品を北米ホンダ、北米日産、GM、フォードに供給しているという。この過程で、C社は新規参入を果たすに当たって、自動車産業に参入するには品質の「ノークレーム」、「タイムリーな納期」、「毎年のコストダウンに応える努力」が必要なこと、そして参入には時間がかかり、提案活動が不可欠なこと、要求される品質をつくりあげるためには精度の高い検査機械や器具が整備されねばならないことを学習したという。一言で言えば、経営者と従業員一体での「意識改革」が必要なのである。社長と社員一体の意識改革のなかで、

地場企業が参入に成功した数少ない事例の1つである。

(6) 東北部品企業の将来像

東北自動車部品輸出基地化

　東北部品企業の将来を決定する条件として①完成車メーカーの東北進出の可能性が考えられる。現在は関東自動車岩手工場1社であるが、これにセントラル自動車の進出が完了すれば、随伴進出のTier1企業とあいまって東北部品産業の厚みが増すことは間違いない。②完成車メーカーの進出以外にエンジン工場の進出が地場経済にもたらす影響も無視できない。エンジン工場の進出は、鋳造、鍛造、機械加工を含む地場の広範な企業の参入を必要とするわけで、そのぶん地場経済と企業活動に与える影響は計り知れぬものがある。

　これと同時に将来像として考えられうる展望として、東北部品企業の輸出基地化が想定できる。現在隣国中国の自動車生産の上昇は目覚しいものがあるが、この生産・開発拠点と連携して部品供給を推進する道を模索することである。またロシアがシベリア開発を加速化するなかで、2009年12月にはウラジオストックに極東初の自動車工場が稼動を開始した。ロシアの大手鉄鋼メーカーで、08年からロシア中部エラブカでいすゞと合弁で5トン・トラックを生産していたソレルスで、その総投資額は50億ルーブル（約150億円）、極東では韓国双龍ブランドの乗用車の生産といすゞの20トン・トラック生産を行なうという（『日本経済新聞』2009年12月30日）。ここへの部品供給も将来の可能性として考慮できる点である。これらの諸条件を加味して考えるなら、東北自動車部品産業を輸出産業として育てられる可能性はないとはいえないのである。

中国の動き

　さらにまたこの数年の中国での動きは、その可能性を加速化している。中国渤海地域を中心とした工業化の進展や内蒙古・北京・天津・山東半島各地を結ぶ高速道路網ならびに工業団地の整備は明らかにこの地域の工業化の本格的展開の予兆だし、浙江省の化学メーカー「立白」の天津進出に象徴される中国企業の北進の動きは、それを読み込んだ上での中国人ビジネスマンの先を読む鋭い行動の一

端とも考えられる（インタビュー、2007年3月10日、天津開発区）。また中国共産党中央委員会での幹部の動きを見ても、東北・渤海重視の人事が展開され始めている。さらにはシベリアのタイシェトを基点とする全長4800キロの「太平洋石油パイプライン」が中国向け経由地であるスコボロジノまで完成し、2014年全線開通まで貨車で代替輸送される原油が2009年12月にナホトカ近郊のコズミノから積み出されるなど（同上、2009年12月29日）、石油パイプライン敷設をめぐるロシアの極東重視の視点がこうした動きを加速化させる可能性も少なくはない。

　上記の動きを見越して考えるなら、東北自動車部品産業も東北を拠点とした本来の生産増強を模索する一方で、中国東北や渤海地域、シベリア・沿海州との連携を強化してそこへの部品供給基地としての道を模索する必要も出てきていよう。

おわりに

　以上、東北地区の自動車・部品産業の現状と問題点、その克服の方向性と展望を述べた。現在自動車・部品産業の前に横たわる問題点は数多い。とりわけ2008年から09年にかけての北米市場の不況は東北地区の自動車・部品産業に大きな打撃を与えた。関東自動車が対米市場向けコンパクトカーの生産を主力としていたため、その影響は非常に大きかった。それは関東自動車の生産台数が08年の35万台から09年に26万台へ激減したことに象徴的に表現されている。2010年にいたり次第に生産は回復しつつあるが、いまだに08年段階には戻っていない。しかし東北地区がトヨタの愛知、北九州に続く第3の生産基地に育っていくことはまちがいあるまい。そのためにも、東北6県連合による育成体制の強化が不可欠なのである。

3　北部九州地区の産業集積

はじめに

　東北地区に先行する形で自動車生産が展開された北部九州地区に焦点をあてて、企業活動の実態と地域行政の産業振興策を検討する。まず北部九州地区の産業集積の現状を概観し、次に北部九州地区の自動車・同部品産業の産業集積に向けた地域行政の姿を追う。そして最後に今後の産業振興に向けた課題を企業と地方行政の両面で検討する。

(1) 北部九州地区における自動車産業集積の現状と問題点

全体概要

　北部九州の自動車産業は2008年までは確実に生産増大を続けてきた。1994年

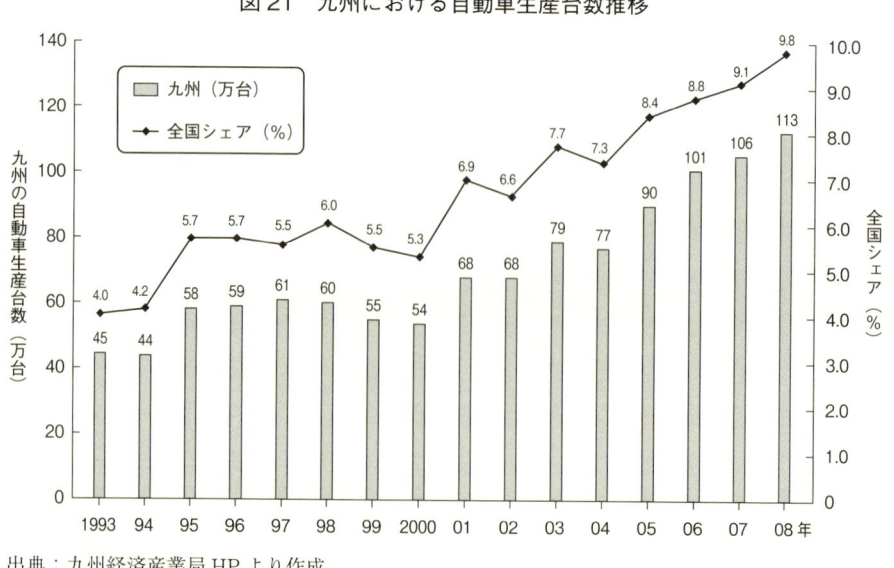

図21　九州における自動車生産台数推移

出典：九州経済産業局HPより作成。

表6　九州の自動車工場一覧

会社名（工場名）	所在地	操業開始年月	生産台数(2004年)	敷地面積
日産自動車（九州工場）	福岡県苅田町	1975年4月	53万台	236ha
		2009年初旬（日産車体）	12万台	
トヨタ自動車九州	福岡県宮田町	1992年12月	43万台	113ha
	福岡県苅田町	2005年12月	44万基（エンジン）	31ha
	福岡県小倉市	2008年8月	—	34ha
ダイハツ九州大分（中津）工場	大分県中津市	2004年12月	46万台	130ha
ダイハツ九州（久留米）工場（エンジン）	福岡県久留米市	2008年8月	約20万基	17.4ha

出典：九州経済調査協会『地場企業の自動車産業への新規参入事例研究』2008年、1頁。

に44万台、全国比で4.2%に過ぎなかった北部九州の自動車生産は、2002年には68万台、6.6%に、そして2008年には113万台、全国シェア9.8%を記録し、東海、関東に次ぎ第3の自動車生産地に成長していった（図21）。そして08年暮れから09年前半にかけて対米自動車輸出の減退とともにその生産台数を減少させたが、後半からは次第にその生産を回復させている。

　この間生産拠点の新設、増設が相次いだ。表6にみるように1970年代では76年に苅田町に進出した日産自動車九州工場がこの地域の唯一の完成車メーカー工場だった。その後92年にトヨタ自動車九州工場が設立され、2大自動車メーカーの生産基地が誕生した。さらに2000年代に入ると04年のダイハツ車体大分（中津）工場の操業開始、05年のトヨタのエンジン工場の新設に続き、08年にはトヨタ自動車九州が北九州市にハイブリッド工場を新設、同じく08年にダイハツが久留米エンジン工場の新設に相次いで着手するなど、九州における自動車メーカーの事業展開が活発化した。以下最近の主要各自動車メーカーの動向を日産、トヨタ、ダイハツに限定して見てみよう。

日産自動車九州工場

　操業は1975年で北部九州地区ではもっとも長い歴史を有し、75年にはエンジンの生産を、76年にはダットサントラックの生産を開始した。創業以来2005年

で1000万台生産を達成し2010年には累計生産台数は1190万台を越えた。第一工場と第二工場から構成されるが、第二工場は1992年に稼動を開始したが、第一工場も2006年に全てリニューアルした。そして09年12月には九州工場敷地内に建設された日産車体九州の新たな車輛工場が操業を開始し、北部九州での日産グループの車輛生産能力は65万台まで上昇した。第一工場、第二工場ともに1ラインで4車種混流生産が可能である。ラインの長さは1250メートルで、U字ライン組み立てである。ラインロボットは57台で、アッセンブリーオーダーシート（トヨタのカンバン）を活用し、モジュールでコックピット、フロントエンドを組みつけている。モジュール生産によりラインの長さや組付けの時間が短縮されたが、モジュールを採用した新車種だけではなく、古い車種の生産がいまだに残っているので、全車種でのモジュール化はいまのところ難しい状況である。

　苅田港には直接船が横付けされそこから製品を搬出し、ユニット部品に関しては苅田本港を利用して搬入されている。出荷は1ヵ月60隻で、エンジンは福島磐城工場、横浜工場、愛知機械から、トランスミッションも別に関東から供給される。在庫は半日である。部品は、日産九州工場がある苅田から車で1時間以内の拠点から調達される。同期生産のためこれ以上距離が離れては無理である。また地場企業出身のTier1企業は無い。現地調達率は物量で70％、金額ベースで65.7％である。エンジン、トランスミッション以外は原則的には現地調達である。北米市場向けが中心で、それ故に2008年暮から09年前半にかけては打撃を受けたが、徐々に回復しつつある。

トヨタ自動車九州工場

　設立は1992年で当初は赤字だったが、「マークⅡ」から97年には「EX」、「RX」、2000年には「ハイランダー」立ち上げでフル操業に入った。2005年までは年産23万台の生産能力だったが、同年9月の第二工場の立上げとともに20万台増強して年産43万台へと能力アップした。この間生産台数は増加してきているが、総人員数は7000人と変っていない。

　トヨタは2005年以降国内生産能力を年産350万台から380万台へと30万台ほど増産する計画を立て、その増加分は、愛知地区は求人難なので九州工場と岩手工場が担う戦略をおし進めた。トヨタ九州工場での増産プロジェクトは、05年3

月HV車の立ち上げ、05年9月「レクサス」新工場の生産開始、06年1月パワートレイン新工場のスタートと続いた。「レクサス」新工場は目標20万台、内製ではなくサテライト方式で生産するスタイルを採用した。また、新たにトヨタ紡織、トヨタ鉄工、トヨタ合成などが宮田町に進出した。苅田町のパワートレインは、新空港横の跡地に建設されるエンジンの組付け工場であるが、東海地区から300～550人の要員を配置し、05年12月以降22万基生産で開始されたが、08年以降第2ライン開設にともない、44万基生産体制となっている。

　パーツは原則として東海地区から調達する。またTier1は、東海地区から北部九州に企業進出した部品メーカーで充当する。現地メーカーについては、トヨタは部品メーカーをTier2として使用する計画を進めてはいるが、多くの企業は品質管理面に問題があり、使用の前提としてトヨタ生産方式について現地メーカーに理解を求める必要がでてきている。

　北部九州の調達拠点は佐賀、熊本にまで拡散しているが、結果的には人件費の高騰を防ぐ意味で効果的だったと思われる。トヨタは、北部九州展開に際し部品生産拠点を拡散させた。部品企業は相互で相談してその立地場所を拡散させたという。部品納入面では距離的には遠くなるデメリットはあるが、逆に進出先で部品企業が競合することなくよりよい人材を集めることができるメリットがあったという。労務費をトヨタ本社正社員100としてトヨタ九州と比較した場合、トヨタ九州は正社員で94という数値が出ている。

　東海地区のTier1企業が北部九州に進出する理由の1つは、北九州では愛知県と比較して求人が困難でないからである。ラインに配置されている期間工の場合は正社員と比較すれば相対的に低賃金で北部九州地域の一般的数値として本工の7割程度だと言われている。アジア展開との関連で言えば、将来的には東アジア展開が必要だが、いまでも九州は東アジアに近いので、人材交流がある。これまでトヨタは中国の天津に支援を行なっており研修生も受け入れている。海外調達部品は、1％以下に過ぎず韓国、中国からの部品は入っていない。

　日産のモジュール化に対してトヨタでは、サブライン化でメインラインの短縮化を図る方向で進めている。しかし何でもモジュール化をというのではなく、モジュール化の方が良いものとそうでない物とを区別して進める必要があるという慎重な見方が支配的である。

ダイハツ車体大分中津工場

　設立は 2004 年 12 月で、軽商用車「ハイゼット」の生産から始まった。操業当初時の従業員は約 1000 人であり、年間 12 万台で生産を開始した。05 年 5 月には年産 20 万台体制へと段階的に生産能力を引き上げ 2006 年には年間 25 万台にまで向上させた。2007 年 12 月に第一工場に隣接して年産 15 万台を目標として第 2 工場を設立した。第二工場では、9 車種を同一ラインで生産するなど最新の生産技術を結集し、軽乗用車を生産、隣接する中津港からアジア向けに輸出を開始した。これが完成した時点では、第一、第二工場の合計生産能力は約 46 万台に到達することになる。

　ダイハツ車体の大分中津進出とともに随伴進出した東海、関東地区の部品メーカーも少なくない。2005 年 2 月にはダイハツ第 1 次下請けで板金プレス部品を担当する葵機械工業が中津へ進出、シート部品の富士シート、冷間ロールフォミングを生産するヨシカワ、自動車内装部品のしげる工業、自動車部品用パレットを生産する日工社がこれに続いた。2008 年段階での現調率は 50％と称されているが、その向上が現段階の課題となっている（「日刊工業新聞」2009 年 12 月 17 日）。

(2) 北部九州地区における自動車部品産業の現状

随伴進出企業の増加

　まず北部九州への自動車部品企業の進出、参入状況を概観しておこう（図22）。九州への進出・参入企業数の推移をみた場合、3 つの高揚期がみられる。第 1 期は 1973 年から 77 年までで、日産自動車九州工場が稼働を開始した前後の時期である。第 2 期は 90 年から 93 年までで、トヨタ自動車九州の宮田工場の立ち上げ期に該当する。そして第 3 期は 04 年から 07 年までででダイハツ九州の大分中津工場の操業開始と関連する時期である。

　では、これらの進出・参入企業は、北部九州のどの地域に進出しているのであろうか。次に九州経済調査会が発表した「県別、進出・参入年次別自動車関連部品工場数」の推移を見てみよう（表7）。九州域内には部品生産に携わる企業数は 602 社あるが、特にトップが福岡県の 220 社（36.5％）、次いで大分県 112 社（18.6％）と、自動車メーカーの立地する北部九州に集積している。もっとも

図22　進出・参入年次別自動車関連部品工場数（九州7県）

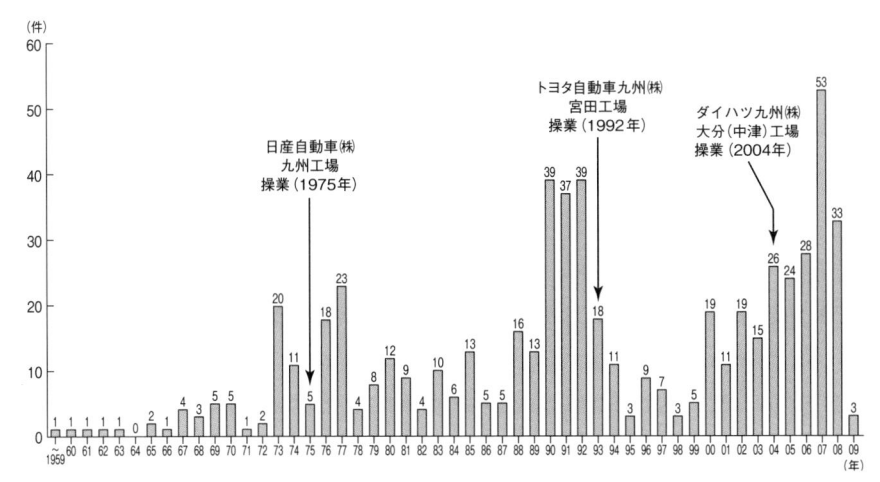

注：1.進出・参入年次が判明している企業を対象とした。2.撤退・閉鎖した事業所も含む。3.別棟
　　での新工場立地は、新規事業所としてカウントしている。
出典：九州経済調査協会『九州経済調査月報』2009年12月号、42頁。

表7　県別、進出・参入年次別自動車関連部品工場数（単位：件）

	00	01	02	03	04	05	06	07	08	08年まで累計	7県内比率
福岡	6	5	8	7	13	12	16	19	10	220	36.5%
佐賀	3	1	2	1	1	0	2	6	6	51	8.4%
長崎	0	0	0	2	1	1	0	5	5	21	3.4%
熊本	4	2	2	1	0	0	0	8	4	97	16.1%
大分	4	2	5	1	8	6	6	11	6	112	18.6%
宮崎	1	1	2	2	2	2	2	0	1	62	1.0%
鹿児島	1	0	0	1	1	2	0	3	0	39	0.6%
九州7県	19	11	19	15	26	23	26	52	32	602	100.0%
山口	1	1	0	1	0	0	0	2	2	79	―

出典：前掲『九州経済調査月報』2008年12月号、28頁。

2000年以降の動きをみると08年は32社で、前年比で61.5％と約半数にまで激減しているのである。

　表8は2002年以降北部九州へ随伴進出した主要な東海、関東地区からの随伴進出Tier1企業一覧である。イナジー・オートモーティブ・システムズは03年に操業したフランス系の樹脂タンクメーカーで、空港に隣接する工業団地に入居

し、日産九州に燃料用樹脂タンクを同期納入している。ナミコーはプレス溶接企業、千代田工業はドアの補強材を生産している企業で、ともにダイハツ車体に随伴進出し、04年に操業を開始した。九州シロキ、豊田合成、豊田鉄工、豊田紡織・アラコ、三福はいずれもトヨタ系のTier1として北部九州に進出したのである。これらTier1企業は、いずれも親会社の強い要請に応える形で進出したのである。特に富士シート、しげる工業、日工社は2004年に操業を開始したダイハツ車体に合わせて中津周辺に進出した企業で、2005年以降この種の企業進出が積極化していることがわかる。時の経過とともに企業進出先が大分県側にシフトしてきていることは、それを如実に物語る。

　もっとも北部九州に進出したTier1企業は、九州経済調査協会の調査結果によれば（表9）、トヨタ自動車の協力会である協豊会全体では203社に対して進出企業総数53社で26.1％を占めている。その内訳を見ればボデー部会では総数94社に対して進出企業は34社、36.2％と平均より高いが、逆にユニット部品部会では109社中19社、17.4％と著しく低い。次にダイハツ自動車協友会を見てみよう。

表8　自動車部品関連企業の進出状況

進出企業	進出場所	製造品目
イナジー・オートモーティブ・システムズ	北九州市	自動車用樹脂製燃料タンク
ナミコー／ユニテクノ	北九州市	自動車プレス溶接部品
九州シロキ	北九州市	自動車用ドアサッシ
千代田工業	北九州市	ドアの補強材
豊田合成	北九州市	ハンドル、エアバッグ、ホイールキャップ
豊田通商	苅田町	エンジン原材料（アルミ）
トヨタ紡績／アラコ九州	宮田町	ドアトリム、エアフィルタの成形、組立
豊田鉄工	宮田町	溶接部品
トヨテツ福岡	宮田町	ラジエーターの支柱
五和製作所	若宮町	ブレーキ管、鉄板などの電着塗装
河村化工	豊前市	自動車内装樹脂部品
榎木製作所	豊前市	アクセル・ブレーキペダル
ムロオカ産業	豊前市	プラスチック成形自動車部品
川村金属製作所	豊前市	自動車部品
三福	豊前市	排気管の消音器
富士シート	中津市	自動車内装品
しげる工業	中津市	インスツルメントパネル
葵機械工業	中津市	自動車向け板金部品

日工社	宇佐市	特装車用部品
昭和金属工業	武雄市	自動車部品
太田機工北九州工場	北九州市	ドア部品、ウインドレギュレーター
八幡金属北九州工場	北九州市	ウインドレギュレーター
㈱九州イマロン	北九州市	自動車用シート機構部品
サカエ理研工業	北九州市	ラジエーターグリル
新生電子・福岡営業所	福岡市	車載用部品
トヨタケーラム九州営業所	福岡市	自動車部品加工用CAMソフト開発
㈱田村	大牟田市	金属・樹脂部品
藤本工業	大牟田市	金属・樹脂部品加工
㈱古川シェル九州工場	久留米市	自動車エンジンの鋳型製造
中川産業㈱	久留米市	自動車用マフラー
㈱つくし金型製造	直方市	プラスチック射出成型
㈱フタバ伊万里直方工場	直方市	自動車用プレス部品
スギヤマプラスチック㈱	飯塚市	自動車内装向けプラスチック部品
㈱福岡多田精機	飯塚市	自動車用部品金型開発
三ツ星化成品㈱	行橋市	内装・外装製品の生産
タカラ化成工業九州行橋工場	行橋市	射出成型プラスチック部品
㈱ROKI	うきは市	二輪・四輪向け空気清浄フィルター
三和工業	宮若市	矢井部の内張り
豊田合成㈱宮若工場	宮若市	内外装部品、機能部品、セーフティシステム部品
㈱村上開明堂九州	朝倉市	自動車用バックミラー製造販売
㈱九州イノアック北九州工場	岡垣市	ヘッドレスト製造
小竹化成㈱	小竹町	フロアカバー
太平洋工業㈱九州工場	小竹町	自動車用プレス部品、エンジンカバー
㈱兆栄モールド	小竹町	自動車部品向けプレス金型
三和金型㈱	小竹町	自動車用の内装、外装部品の金型設計
新光機器㈱大分中津工場	中津市	溶接用電極部品
㈱橘製作所大分工場	中津市	プラスチック成型金型設計、製造
三共㈱九州工場大分営業所	中津市	完成車メーカー向け生産ライン省力機器
栗原産業㈱日田工場	日田市	自動車用ゴム・スポンジ製品
㈱中央スプリング製作所	日田市	特殊バネ生産
㈱ヒロティック大分工場	豊後高田市	ドアのプレス加工、溶接
㈱北田金属工業所	豊後高田市	自動車部品のプレス加工、溶接
コロン㈱大分工場	豊後高田市	インパネ用部品成型
㈱TRI九州	豊後高田市	防振ゴム、自動車部品用樹脂ホース
㈱東陽九州	豊後高田市	金属切削、研削
㈱浅野歯車九州	豊後高田市	自動車用車軸
小出鋼管㈱	豊後高田市	自動車用精密鋼管
㈱東海化成九州	豊後高田市	ヘッドレスト・アームレストなど内装品製造
㈱ダイメイプラスチック大分	宇佐市	プラスチック射出成型部品
双葉産業㈱大分工場	宇佐市	シート用部品
明星九州㈱	宇佐市	プレス用金型、プレス部品生産
㈱キリウ大分	宇佐市	ブレーキディスク、ブレーキドラム
㈱武蔵野グランディ	宇佐市	樹脂用金型

注：新聞報道より九州経済調査協会作成。
出典：九州経済調査協会『データ九州』No.1130、2009年。

表9 自動車部品メーカーの九州進出・未進出状況

		加盟企業数				
		合計	九州進出企業数	シェア	九州未進出企業数	シェア
トヨタ自動車：協豊会	合計	203	53	26.1%	150	73.9%
	ボデー部品部会	94	34	36.2%	60	63.8%
	ユニット部品部会	109	19	17.4%	90	82.6%
日産自動車：日翔会		185	57	30.8%	1287	69.2%
ダイハツ自動車：協友会	合計	198	53	26.8%	145	73.2%
	鋳鍛切削部会	38	5	13.2%	33	86.8%
	プレス部品部会	19	11	57.9%	8	42.1%
	機能部品部会	72	12	16.7%	60	83.3%
	車体部品部会	69	25	36.2%	44	63.8%

注：その他の協力会組織として、トヨタには栄豊会（生産設備関係）、ダイハツには青葉会（資材・工具関係）、車栄会（金型冶具関係）、部栄会（オプションパーツ、ディーラー向け製品関係）がある。
出典：前掲『九州経済調査月報』2005年10月。

総数で見れば、協友会総数198社中九州進出企業数は53社で26.8％とほぼトヨタの協豊会と同じ比率を示している。その内訳をみれば、鋳鍛切削部会は38社中5社、13.2％、機能部品部会は72社中12社、16.7％といずれも低い数値を示しているのに対して、プレス部品部会は19社中11社、57.9％、車体部品部会は69社中25社、36.2％と高い数値を示している。

　つまり北部九州に進出した企業は、ボディ部品やプレス部品が中心で、ユニット部品や機能部品関連で九州に進出した企業は少ないのである。比較的容積が大きく重量が過重な車体部品や技術的にさほど高度なものが要求されないプレス部品といったものは、随伴進出企業が担当するが、高度な技術を要し、かつ容積が小さく軽量の機能部品の多くは東海や関東地区からの供給を受ける。したがって北部九州に進出した工場はもっぱら生産機能に特化し、現地で部品を購買する機能は与えられておらず、購買担当が存在しない企業も少なくはないのである。

　したがって、九州内の完成車メーカーの部品調達率は、トヨタ自動車九州が、苅田工場でエンジン生産を開始したことで60％近くになったが、それ以外の工場、たとえば日産自動車九州工場の域内調達率は50％前後で、残りの40％は国内の関東、東海地区から、残りの10％は海外からとなっている（前掲『九州経済

調査月報』2008 年 12 月、6 頁)。

参入が困難な地場企業

　北部九州に進出した Tier1 企業の大半は、開発・設計機能を有してはいない。したがって、地場企業の新規参入の決定は多くの場合地場ではなく本社で決定されるため、地場企業との接触は希薄で、彼らから見れば参入のチャンスは非常に少ない。北部九州の地場企業にとって、最も近接した開発拠点は、広島に拠点をもつマツダなのである。

　上記の事実は、いずれも北部九州地区の地場企業にとって、自動車産業への参入が困難であることを物語っている。しかも北部九州地区は、規則正しい作業を秒刻みで連続的にせねばならない自動車産業とはおよそ似ても似つかない明治期の官営八幡製鉄所に象徴される素材産業をその基盤に持っている。戦前から 1950 年代まで、鉄工業を基盤にした金型や金属加工業がこの地域の地場企業の主力となった所以である。60 年代には電気電子産業がこの地域の主力産業となると、そこへの部品供給を目的に樹脂成型企業がその数を増した。しかし 80 年代から 90 年代にかけて多くの電機電子企業が、その部品供給先を韓国や中国にシフトさせるなかで、急速にその受注先を失っていった。そうした中で、2000 年代以降自動車部品産業が新たな地域活性の担い手として登場してきたのである。規則正しい作業を秒刻みで連続的にせねばならず、永続性があるとはいえ利幅が薄い割には参入条件が厳しい自動車産業と比較すると、鉄工業や電機電子産業は、規則性が緩く、利幅の変動も激しいため、それに慣れた企業者の自動車参入には相当の困難性とリスクが伴う。

参入成功事例

　そうした困難な壁を乗り越えて自動車産業へ参入したケースは多くはないが、いくつか見られる。次頁図 23 は、九州地域において、新規参入を果たしたか、もしくは設備投資を実施した企業一覧である。福岡県 13 社、大分県 4 社、宮崎県 4 社、熊本県 2 社、佐賀県 1 社、鹿児島県 1 社の合計 25 社が該当企業数であるが、福岡県が 13 社で全体の半数以上を占めている。

　2006 年に自動車産業への参入を果たした戸畑ターレット工作所の場合は、参

図23　掲載企業一覧

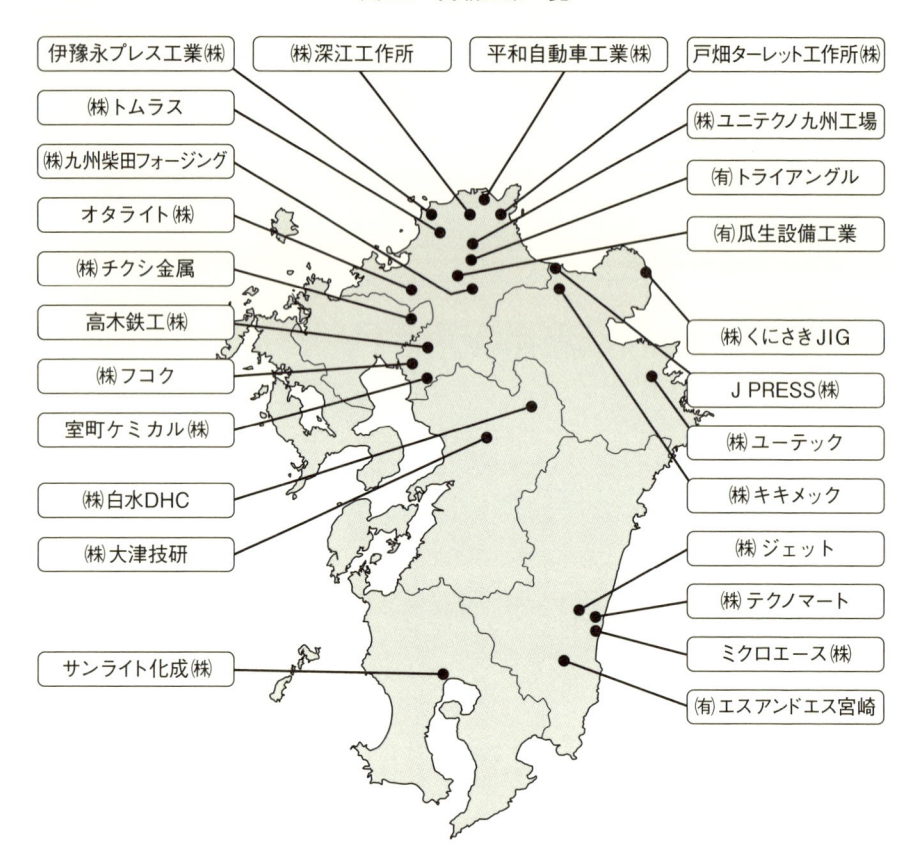

```
伊豫永プレス工業㈱      ㈱深江工作所      平和自動車工業㈱      戸畑ターレット工作所㈱
㈱トムラス                                                    ㈱ユニテクノ九州工場
㈱九州柴田フォージング                                          ㈲トライアングル
オタライト㈱                                                    ㈲瓜生設備工業
㈱チクシ金属
高木鉄工㈱                                                    ㈱くにさきJIG
㈱フコク                                                        J PRESS㈱
室町ケミカル㈱                                                  ㈱ユーテック
㈱白水DHC                                                      ㈱キキメック
㈱大津技研                                                      ㈱ジェット
                                                              ㈱テクノマート
                                                              ミクロエース㈱
サンライト化成㈱                                                ㈲エスアンドエス宮崎
```

出典：九州経済調査協会『地場企業の新規参入事例研究』2008年10月、37頁。

入に約2年の歳月をかけている。そもそも該企業は、TOTOに水栓金具を設計・生産・納品する企業で、アルミダイカスト、アルミ鍛造、精密切削加工を手がけていた企業で従業員は約100名であった。ところが、TOTOが生産拠点を海外に移すにしたがい受注が減少したため、他分野へ進出する目標として選択したのが自動車部品産業だった。参入障壁は高く、完成車メーカーのOBの全面支援を受け、土地、建物、製造設備含めて総額6億円の投資を行い、2年間の厳しい審査期間を経て、ようやく2006年アイシン九州からの部品発注を受けることに成功したのである。狭き門を突破した戸畑ターレット工作所の社長は「自動車産業

への参入にあたって、短期的に利益を出そうと考えるのはまちがいであるということ。5〜10年の期間で考えなければならない。参入の準備期間、先行投資があり、売上として収益が生まれるには数年かかる。よって腰掛け程度に『ちょっと仕事を分けてください』や『量産の一部を手伝います』といった取組み姿勢では、一次部品メーカーからは見向きもされない」（前掲『地場企業の自動車産業への新規参入事例研究』59頁）と述べている。

　いま1つの例として、フコクの例をとりあげよう。同社の創業は1932年と古く、寝具の生産を行ってきた。1999年に帝人経由で自動車のフロアーマットの生産を依頼されたのが、自動車部品業界参入の契機となった。受注当初は、規格に合わず、在庫の山を作り金額にして6000万円の損害を出したという。会社の中には意見の相違から退職する役員が出たり、代々続いてきた取引を止めたりと、さまざまな苦労があったという。結局、自動車用の製造ライン立ち上げのために、経験者を中途採用したり、1次メーカーからの指導を受けたりして、2003年にようやく本格的な受注を受けることができるようになった。この間4年間、厳しい試練の月日が続いたことになる。参入には「従業員の意識改革」が必要というのが社長の弁である。同社の売上げのなかで自動車用部品の占める比率は2005年の30％から06年には65％、07年には85％と急増している（同上書）。

　以上、2つの事例をあげたが、自動車部品産業に参入するには、社長のみならず、従業員の忍耐強い努力とそれを可能にする意識改革が必要なこと、参入には数年間の期間が必要なため、それに備える資金準備が必要なこと、適切なアドバイスができるカーメーカーもしくはパーツメーカーのOBや指導員が必要なこと、がわかるであろう。

進出困難な実態と理由

　上記のことは、2009年九州経済調査協会が実施したアンケート調査である「部品・資材の総購買費に占める九州・山口内の調達比率」の低さにも象徴的に表現されている（次頁図24）。50％未満というのが、全体の58％と半数以上を占め、そのなかでも10％未満が、全体の4分の1以上の27％をも占めているのである。そして、その理由を調査した「九州・山口地域において部品・資材を調達できない又は調達していない理由」によれば、全体の半数以上の61％が「部品・資材

図24　九州経済調査協会が実施したアンケートの結果

部品・資材の総購買費に占める九州・山口内の調達比率
N=168
- 10%未満（27%）
- 10〜29%（17%）
- 30〜49%（14%）
- 50〜69%（5%）
- 70〜89%（14%）
- 90%以上（23%）

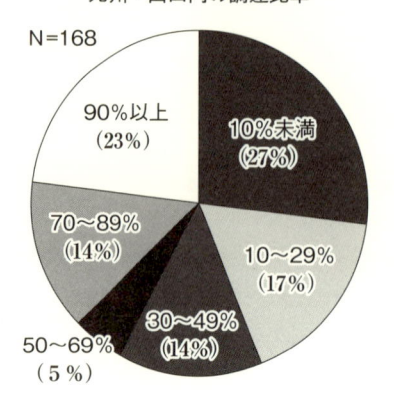

九州・山口地域において部品・資材を調達できない又は調達していない理由
N=128
- 部品・資材を供給できる企業・事業所がないから（34%）
- 部品・資材の支給・指定があるから（61%）
- その他（5%）

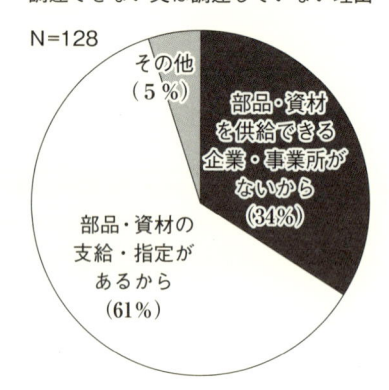

部品・資材を供給できない理由
N=41
- 生産コストが高い（37%）
- 必要とする生産設備を持っていない（32%）
- 部品・資材を製造する技術がない（24%）
- その他（7%）

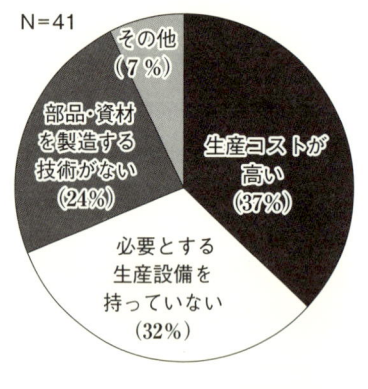

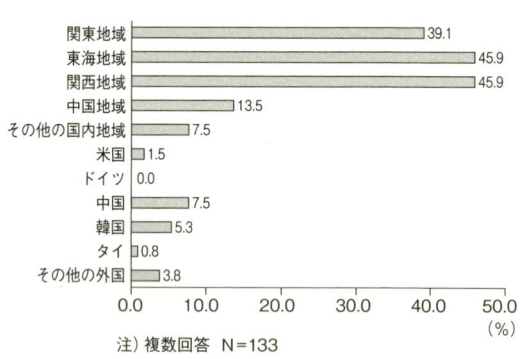

部品・資材の調達地域
- 関東地域　39.1
- 東海地域　45.9
- 関西地域　45.9
- 中国地域　13.5
- その他の国内地域　7.5
- 米国　1.5
- ドイツ　0.0
- 中国　7.5
- 韓国　5.3
- タイ　0.8
- その他の外国　3.8

（％）
注）複数回答　N=133

出典：山崎栄治「自動車関連部品産業アンケートからみた世界同時不況の影響」九州経済調査会『九州経済調査月報』2009年6月号、19〜20頁。

の支給・指定があるから」と回答している。つまりは、九州地区に進出した企業は本社からの部品、資材の支給や指定を受け、その指示にしたがって生産しているだけで、購買先を決定する権限は有していないのが一般的なのである。九州で部品・資材を調達できないもう1つの大きな理由は「部品・資材を供給できる企業・事業所がないから」で、これが全体の34%で第2位を占めている。なぜな

いのか、という問いへの回答は、「生産コストが高い」が37％で第1位、「必要とする生産設備をもっていない」が32％で第2位、「部品・資財を製造する技術がない」が24％で第3位を占めている。

では、「九州地区に代わる部品・資財の調達地域はどこか」という問いに対しては、東海地域（45.9％）、関西地域（45.9％）、関東地域（39.1％）、中国地域（13.5％）となっている。いずれも本社や開発拠点のある地域からの調達が主力を占めていることがわかる。もっとも比率はさほど高くはないが、中国（7.5％）、韓国（5.3％）からの調達も行われはじめており、東アジア地域の部品企業との競争、強調を内包した連携関係も次第に強まりはじめているのである。

兼業企業の増加

したがって、自動車関連の地場企業で特徴的なことは自動車部品の専業企業が少なく、兼業企業が多いということである。九州経済調査協会の調査によれば2005年段階での数値だが、出荷ベースで地場産業の自動車関連のウエイトが60％を超える企業は42.7％に過ぎないのに対して、進出企業のそれは71.2％に達しているという（図25）。危険分散化を図るため自動車以外に電機電子産業、機械建設産業はおろか建設業やデパート経営に乗り出している企業も少なくない。

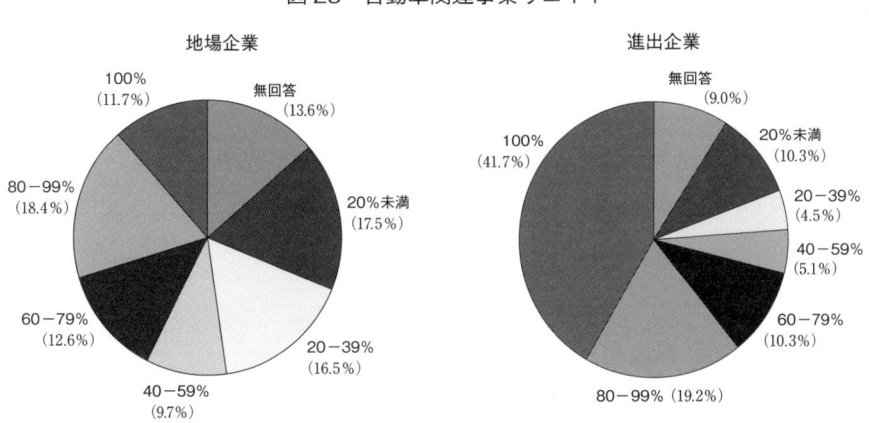

図25 自動車関連事業ウエイト

地場企業
- 無回答（13.6％）
- 20％未満（17.5％）
- 20-39％（16.5％）
- 40-59％（9.7％）
- 60-79％（12.6％）
- 80-99％（18.4％）
- 100％（11.7％）

進出企業
- 無回答（9.0％）
- 20％未満（10.3％）
- 20-39％（4.5％）
- 40-59％（5.1％）
- 60-79％（10.3％）
- 80-99％（19.2％）
- 100％（41.7％）

出典：財団法人九州経済調査協会『九州における新たな産業立地施策に関する調査報告書・自動車関連産業をモデルケースとして』2005年3月。

5％原則を設定して、1品の売り上げが5％を超えないようにリスク分散するのが「社是」だと明言する社長もいるほどである（北九州F自動車部品企業、2005年7月15日のインタビューによる）。こうした「蛸足的経営」のためであろうが、中小企業の場合、新市場開拓やマーケティングが弱く、専門のポジションを設けず、社長が兼任している場合が多い。

　それと関連して技術的にみても「一品もの」に特化してきたため、自動車部品のように多品種・変量・量産型の生産には習熟しておらず、カーメーカーの絶えざる原価低減の要求や度重なる仕様変更の緊張感への対応は不得手である。しかも言われたとおりのものを作っていればいいのではなく、日々改良と改善の努力と提案が要求される。しかも品質に対しても高い基準が求められる。これまでの規定値ピッタリの物づくりから自動車産業では誤差ゼロの物づくりが求められるのである。こうした厳しい産業にあえて参入するのは、いったん参入すれば、継続的に一定の安定した利益が保証されるからだが、それに挑戦するにはリスクが大きいため、専業の道を放棄し、兼業に向うケースが少なくない。

(3) 北部九州の産業集積に向けた地域組織の動き

地場企業の組織化の必要性

　北部九州は日産九州、トヨタ九州、ダイハツ、ホンダが生産拠点を構える日本屈指の生産拠点であり、関東、東海に次ぎ生産台数100万台を超え、部品産業の集積も進んでいる地域である。したがってQCD面では関東、東海地区と比較しても遜色はない。しかし技術や人材の蓄積という点では先進地区とは幾分かの格差がみられるというのが現在の状況である。この隘路を突破するためには、オンリーワン技術を持ちながらも、情報不足ゆえ自動車産業への参入が困難な地場部品企業に対し、これを集団化し、事業拡張を支援することが重要なのである。

　しかし北部九州の場合には、関東や東海地区と比較すると、設計・開発拠点でない分、これらの地区の地場企業と比較して不利な点は否めない。なぜなら東北地区の分析で述べたように、北部九州の地場企業も、開発から実験、型製作が完了したあとの量産段階になって初めて物づくりに参加できるわけで、その時にはすでにサプライヤーは本社の購部門買が決定しているからである。こうした状況

下ではたとえ意欲的な部品企業があったとしても、単独で参入するのは非常に困難であることが分かろう。それを克服するには地場企業が集団化し、情報を共有化することで受注拡大のチャンスを探す以外に方法はないのである。

北部九州の自動車振興組織

北部九州では 2005 年以降上記の目的を達成するための自動車振興組織が作られ、拡大していった（図26）。これに先行する形で、すでに北部九州には、アイシン精機をリーダーに北部九州地区の Tier2 企業を組織した「リングフロム九州」が結成され活動していた。しかし一層地場製造業を集団化し、企業相互の交流や連携によって情報や技術の充実・向上を図り、合同で展示会や 1 次サプライヤーとの商談会を開催する産官学合同の組織体の設立が求められたのである。九州地域では、図26 にみるように 2005 年 11 月に「北九州地域自動車部品ネット

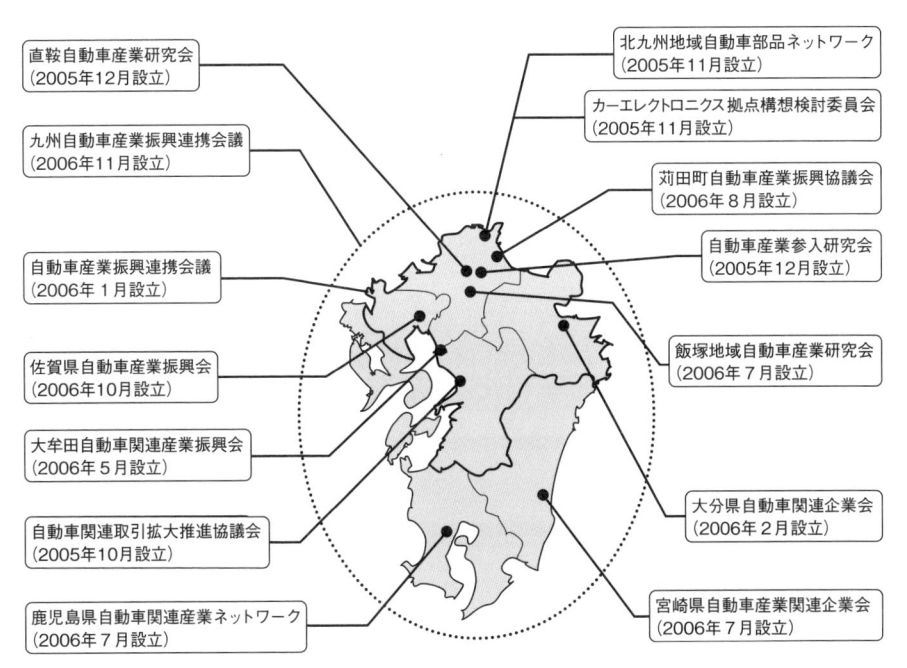

図26　九州の自動車新興を目的とした組織

直鞍自動車産業研究会	2005年12月設立
九州自動車産業振興連携会議	2006年11月設立
自動車産業振興連携会議	2006年1月設立
佐賀県自動車産業振興会	2006年10月設立
大牟田自動車関連産業振興会	2006年5月設立
自動車関連取引拡大推進協議会	2005年10月設立
鹿児島県自動車関連産業ネットワーク	2006年7月設立
北九州地域自動車部品ネットワーク	2005年11月設立
カーエレクトロニクス拠点構想検討委員会	2005年11月設立
苅田町自動車産業振興協議会	2006年8月設立
自動車産業参入研究会	2005年12月設立
飯塚地域自動車産業研究会	2006年7月設立
大分県自動車関連企業会	2006年2月設立
宮崎県自動車産業関連企業会	2006年7月設立

出典：九州経済調査協会『地場企業の自動車産業への新規参入事例研究』2008 年、28 頁。

ワーク」と「カーエレクトロニクス拠点構想検討委員会」が立ちあげられ、以降北部九州を中心に各種の委員会や研究会、協議会が発足した。こうした組織の立ち上げと並行して企業誘致や商談の拡大を目的に各種のセミナーや展示会、商談会も上記組織や産官学合同の企画で展開されている。北九州市が2004年から開催している「アジア自動車産業フォーラム in 九州」などはその一例だろうと思われる。後者の場合には、中国や韓国から産官学の代表者を招待することで地場企業との交流を促進し、ビジネスチャンスを拡大する目的をもって実行されている。

アジア企業との交流の促進

北部九州地区は地理的にも韓国や中国沿岸部と隣接し、日本の関東地区や東海地区と比較してもこれら東アジア地域のほうが距離的に近い。したがって、北部九州の地理的適性を生かす道を考えるとすれば、これらの地域との交流は、今後の北部九州地区の自動車部品産業にとって重要な意味を有している。またロジスティクスの面でも東アジアのハブ港の釜山に隣接し、半径100キロ以内に韓国最大の自動車生産基地蔚山を抱え、中国最大の自動車生産基地の上海をもそのなかに包摂している。こうした事情を考えるならば、東アジア地域との交流は、北部九州の今後の自動車産業にとっては不可欠の課題となろう。その際日韓FTAの締結は何にもまして優先されなければならない課題であろう。なぜなら玄界灘を隔てての北部九州120万台生産基地と蔚山の現代自動車160万台の自動車生産基地が隣接しており、合計280万台という東アジア随一の巨大自動車生産地域があるにもかかわらず、関税障壁により両地域の交流は進んでいないからである。この点の解決が早急になされる必要性は今後も増えることはあっても減ることはあるまい。

おわりに

以上北部九州の自動車部品産業の実態と課題を検討した。2008年春から09年にかけての世界不況の中で、北部九州地区の自動車・部品産業もその例外ではなく、生産の縮小・期間工の解雇にともなう人員整理を経験した。現在徐々に回復

の方向に向かってはいるが、北九州に生産拠点をもってモーターコア（鉄芯）を生産する三井ハイテックのようにHV車やEV車関連の部品メーカーは回復の度が著しいが、他はおしなべて低調に推移している。そんななか、北部九州に目を転じれば、東北地区同様に開発拠点を有していない該産地の場合は、地場産業の自動車産業への参入には相当の困難が伴うことが判明した。トヨタ、日産、ホンダ、ダイハツという日本を代表する企業が軒並み企業進出しているにも関わらず、部品納入の主力は関東や東海、関西から随伴進出したTier1企業が担い、機能部品の多くもまた集中購買で関東、東海から購入してくる実情では地場企業が参入する余地は非常に限定されるからである。むろん産官学連携のさまざまな自動車振興組織の果たす役割の重要性は評価しても評価しすぎることはないが、そうした努力と同時に、地場産業が単に北部九州地区のTier1企業への納入を目標にするのではなく、今後設計・開発能力を充実させるであろう中国やシベリア地域のロシアメーカーに積極的に食い込む可能性も模索する必要があろう。

4 関東地区における自動車・部品産業の実情と課題

はじめに

　東北地区と北部九州地区が日本における新興自動車生産基地であるとすれば、関東地区は、中部東海地区と並ぶ日本自動車産業の発祥の地のひとつであり、戦前からの長い自動車生産の歴史を有する地域でもある。関東地区には日産、ホンダ、いすゞ、富士重工といった日本を代表するカーメーカーがしのぎを削っており、すでに考察した東北や北部九州地区とは異なり、開発・設計の拠点が集中する地区でもある。ここでは、戦後の歩みを跡付けながら、2009年以降における関東地区の自動車産業の産業集積の実情と特徴はどこにあるのかを検出してみることとしたい。

(1) 関東地区の自動車産業の発展過程

　関東地区は、後述する名古屋地域と並ぶ日本を代表する自動車産業の生産拠点であり、日産、ホンダ、いすゞ、富士重工、日野など関東地区の自動車生産台数は227万台（2008年）で、この年の全生産台数の21.5％を占める（表3による）。しかも政治、経済、文化、情報の中心地の東京に近く、戦前からの自動車生産の歴史的伝統を有することもあって、日本を代表する強固な開発拠点でもある。

　開発拠点に焦点を当てれば、日産は神奈川県厚木市にテクニカルセンターを有し、ホンダも栃木県芳賀市に4輪R&Dセンターを持つ。またいすゞは神奈川県藤沢市に、富士重工も栃木県葛生町にスバル研究実験センターをもって活動している。生産拠点だけでなく、開発センターが立地している点に、前述した東北や北部九州地区と異なる関東地区の特徴と自動車生産上の優位性と先進性がある。

　それは、この地域の歴史的発展過程を反映している。日産自動車は戦前の横浜工場を戦後に引き継いでトラック生産を開始し、60年代には追浜工場、座間工場（95年生産中止）、栃木工場を設立し、神奈川県や静岡県東部、北関東地区の部品企業を基盤に発展を遂げた。またホンダは1948年の浜松での2輪車生産から

表10 関東地方の自動車工場の概要（単位：人、100万円）

	工場名	所在地	主要製品	操業開始	従業員数	帳簿価額
日産	横浜工場	神奈川県横浜市	エンジン及びアクスルの組立、機械加工他	1935.4	3,882	77,975
	追浜工場	神奈川県横須賀市	マーチ、キューブ他	1961.1	4,425	111,531
	栃木工場	栃木県上三川町	プレジデント、シーマ他	1968.10	5,909	107,040
	日産車体湘南工場	神奈川県平塚市	エルグランド、インフィニティFX 他	1949.4	4,626	81,780
ホンダ	狭山工場	埼玉県狭山市	アコード、レジェンド他	1964.5	5,376	36,148
	真岡工場	栃木県真岡市	エンジン部品、足回り部品他	1970.12	1,284	14,908
いすゞ	栃木工場	栃木県大平町	エンジン、商品車アクスル	1972.6	691	57,242
	藤沢工場	神奈川県藤沢市	ギガシリーズ、バス他	1961.11	5,813	179,148
三菱ふそう	川崎工場	神奈川県川崎市	大・中・小トラック、トラック・バス用エンジン等	1942	4,055	—
	中津工場	神奈川県愛甲郡	トランスミッション用歯車関係部品	1979.7	166	
富士重工	群馬本工場	群馬県太田市	ステラ、R2、R1 他	1960.1	2,937	
	矢島工場	群馬県太田市	レガシィ、インプレッサ他	1969.2	2,549	
	太田北工場	群馬県太田市	自動車用部品	1946.7	83	122,212
	大泉工場	群馬県邑楽郡	自動車用発動機、自動車用変速機	1982.2	1,485	
日野	日野工場	東京都日野市	大型・中型トラック、大型エンジン他	1940.12	5,148	43,201
	羽村工場	東京都羽村市	小型トラック、小型車他	1963.10	3,023	34,845
	新田工場	群馬県新田町	中小型エンジン及び鋳造	1980.10	1,207	33,189
日産ディーゼル	上尾工場	埼玉県上尾市	大・中・小型トラック、バス、エンジン	1962.5	2,544	55,163
	鴻巣工場	埼玉県鴻巣市	シリンダーブロック、ヘッド等	1972.1	224	7,424
	羽生工場	埼玉県羽生市	トランスミッション	1992.12	113	2,781

注：関東地方とは東京都、神奈川県、埼玉県、千葉県、群馬県、茨城県、山梨県を指す。
出典：小林英夫・丸川知雄編著『地域振興における自動車・同部品産業の役割』社会評論社、2007年、ならびに日刊自動車新聞社・社団法人日本自動車会議所編『自動車年鑑ハンドブック（2007～2008年版）』日刊自動車新聞社、2007年より作成。

端を発し、50年に東京の北区に進出、2輪車「ドリーム」号を、58年にはスーパーカブをヒットさせ、60年には三重県鈴鹿に新工場を立ち上げている。64年に埼玉県の狭山に新工場を建設し、その後70年に栃木工場で4輪車生産を展開した。それは東京都北部、埼玉、群馬、栃木に展開する部品工業群によって支えられていた。いすゞは、1916年に東京石川島造船所自動車部として発足し合併を繰り返すなかで37年に東京自動車工業と改称、川崎で自動車生産を開始している。戦後は49年にいすゞと社名を改めて62年に藤沢工場を、72年に栃木工場を立ち上げた。いすゞは、日産と並ぶ関東地区の自動車生産の草分け的企業で

あるが、該企業も東京南部や川崎、神奈川県内陸部の部品企業にその多くを負っている。三菱ふそうも三菱グループの一員として川崎工場を中心に活動してきたが、03年1月トラックバス部門を切り離して三菱ふそうを設立、2008年からはダイムラー傘下でトラック生産を行っている。三菱ふそうもまたいすゞ同様川崎や神奈川県内陸部の部品企業から部品供給を受けている。

　富士重工は群馬県太田市を拠点とした中島飛行機の流れをくむ5社が戦後の53年富士重工業を設立、58年軽乗用車「スバル360」を発売し乗用車部門に進出したことにはじまる。群馬県や栃木県の部品企業を基盤に自動車生産を展開している。このほか日野および日産ディーゼルはいずれも三菱ふそうとともに関東地区のトラック生産企業だが、日野は東京都下の日野、羽村と群馬県新田に工場をもち生産を展開しているし、日産ディーゼルは埼玉県の上尾、鴻巣、羽生に工場をもって生産を展開している。いずれも群馬、埼玉を中心とした部品企業がサポートしている（日刊自動車新聞社『自動車年鑑ハンドブック（2003～2004年版）』、前掲『地域振興における自動車・同部品産業の役割』第2章）。

　関東地区の各企業の工場所在地や主要製品名を一覧表にしたが（表10）、神奈川、東京、埼玉、群馬、栃木の1都4県にまたがる自動車産業のピラミッドを東京、埼玉北部、神奈川内陸部、栃木・群馬に裾野を広げる部品企業が支える形になっているのである。

（2）産業集積の実情

　では、自動車産業の産業集積はいかなる展開を遂げたのか。表11は関東地区の各県別の自動車部品産業の事業所数、従業員数の推移を示したものである。

　明確なことは、関東地区の自動車産業の産業集積に衰えが見られてきていることである。それは事業所数や従業員数の変遷で見て取ることができる。

　従業員数は1990年代後半に神奈川、埼玉、東京、群馬の順で集中が見られたが、栃木県を除くと、いずれもそれ以降は減少傾向をたどっていることがわかる。特に神奈川県は90年代後半から2000年代前半にかけて3年ごとに1万人以上の従業員数の減少を記録している。これは神奈川県に拠点をもつ日産の生産拠点の整理・再編成の動きと大きく関係しているものと想定される。また事業所数の推移

表11 関東地方の各県別自動車部品産業の従業員数、事業所数

《従業員数》

	1996	1999	2001	2004	2006
茨城県	12,145	11,469	12,000	12,264	12,835
栃木県	26,864	25,235	26,556	27,848	31,060
群馬県	52,748	52,704	52,764	47,092	46,621
埼玉県	63,650	53,989	57,859	54,500	54,575
東京都	56,974	40,461	40,770	38,228	36,516
神奈川県	96,792	80,651	72,037	68,400	70,181
千葉県	6,175	5,435	4,683	4,219	4,263

《事業所数》

	1996	1999	2001	2004	2006
茨城県	603	556	516	494	463
栃木県	543	508	539	504	509
群馬県	1,483	1,348	1,318	1,228	1,191
埼玉県	1,897	1,725	1,729	1,543	1,506
東京都	1,616	1,392	1,265	1,108	1,059
神奈川県	1,424	1,305	1,223	1,159	1,138
千葉県	256	232	219	196	201

出典：総務省統計局『事業所・企業統計調査（各年版・都道府県別）』。

も同様の動きを示し、関東地区の各県の事業所数はのきなみ減少化傾向をたどっている。

　この動きをみると、明らかに関東地区は、1950年代以降80年まで東京都を先頭に増加を続けた産業集積の動きが、90年代初頭に飽和状況を迎え、あとは後退の方向を目指しているといえる。その理由は様々考えられよう。都市化の進行にともない工場周辺が宅地化し、周辺住民の騒音や振動に対する苦情や工場立地に対する厳しい規制に、人員確保の困難さや労賃高騰が加わって、製造セクターは周辺地域へ移動し、跡地はより付加価値の高い研究センターや物流センター、さらには収益性の高いマンションに変わっているケースが多いからである（藤原貞雄『日本自動車産業の地域集積』東洋経済新報社、2007年、170頁）。

　表12は関東地区で処分された主要自動車工場一覧だが、それは、日産、三菱、いすゞ、日野自動車、関東自動車工業、日産車体など15拠点に及ぶ。関東地区を除けば、処分されたのは、大阪府および京都府のダイハツ工場、日産車体京都

表12 大都市圏型集積地の主要自動車工場処分

メーカー名 (旧名称を 含む)	工場名 (旧名称を含む)	所在地	敷地 (100㎡)	事業内容	処分
日産自動車	久里浜工場	神奈川県横須賀市	139	エンジン、アスクル組立	閉鎖売却
	座間工場	神奈川県座間市	771	車両組立	車輌工場 閉鎖・所有
	村山工場	東京都武蔵村山市	1400	車両組立	閉鎖売却
	横浜工場	神奈川県横浜市	668	エンジン、アスクル	存続
	追浜工場	神奈川県横須賀市	761	車両組立	存続
三菱自動車	東京製作所丸子工場	東京都大田区	99	トラック・バス用トランスミッション	閉鎖
	東京製作所川崎工場	神奈川県川崎市	426	車両組立・エンジン組立	存続
	東京製作所中津工場	神奈川県愛甲郡愛川町	36	車両組立	存続・機能変更
	名古屋製作所大江工場	愛知県名古屋市	422	車両組立	一部閉鎖・売却
	名古屋バス製作所	愛知県名古屋市	—	車両組立	閉鎖
	京都製作所京都工場	京都府京都市	278	エンジン、トランスミッション	一部閉鎖・売却
いすゞ自動車	川崎工場	神奈川県川崎市	368	車両組立・エンジン	閉鎖売却
	藤沢工場	神奈川県藤沢市	1104	車両組立・エンジン	存続
	大和工場	神奈川県大和市	—	車体組立	閉鎖売却
日野自動車	日野工場	東京都日野市	429	車両組立・エンジン部品	存続
	羽村工場	東京都羽村市	751	車両組立・部品組立	存続
関東自動車工業	横須賀工場	神奈川県横須賀市	74	受託車両組立	閉鎖売却
日産車体	湘南工場	神奈川県平塚市	330	受託車両組立	存続

出典:藤原貞雄『日本自動車産業の地域集積』東洋経済新報社、2007年、170頁。

工場、名古屋の愛知機械工場の4拠点にすぎない(同上)から、関東地区の生産拠点の閉鎖・移転がいかに多いかが理解できる。工場周辺で操業していたサプライヤーも多くはカーメーカーの移転に合わせて地方移転を果たしている場合が多い。また仮にカーメーカーの工場が移転してもサプライヤーは他社拡販で経営を維持する道を求めるケースも見られる。

　2009年以降サブプライムローン問題に端を発する世界同時不況の影響を受けて生産が低迷した後、2010年から関東地区の生産も徐々に回復の兆しを見せてはいるが、その過程は県ごとで様相を異にする。対米輸出が好調な、富士重工業の群馬工場や矢島工場を擁する群馬県の回復は順調で、矢島工場の場合、期間工の数は2007年段階で900人いたが、09年3月には400人まで減少した。しかし

同年9月には2倍の800人に増加し、さらに10年3月には1050人まで増員した。高級車を生産する日産栃木工場を擁する栃木県も北米輸出の好調を受けて順調に復調している。同工場が生産する「フーガ」が好調で、稼働率を押し上げているのである。それと比較してホンダの狭山工場を抱える埼玉県は、同工場の欧米輸出の低調と相まって復活は大幅に遅れた。鉱工業生産指数をみても、2009年11月段階で、群馬県と栃木県が全国平均を上回っているのに対して埼玉県は全国平均を下回る結果となっており、「経済に大きい波及効果」(「日本経済新聞」2010年2月26日)を持つだけに自動車・同部品産業の動向は重要である。

(3) 関東地区自動車部品産業の展開

日産

まず、日産だが、関東地域に4つの工場を所有する。最古参の工場は1935年4月に操業した横浜工場である。戦前は、この横浜を拠点に自動車生産を行ったので、部品企業は、東京や神奈川を中心に展開された。戦後の49年1月には湘南の平塚に工場が建設され、61年には新たに三浦半島の追浜に工場が設立されると部品企業は神奈川県の内陸部へと広がっていった。そして68年10月に新たに栃木県上三川町に栃木工場が建設されると北関東へと部品企業は拡大していった。栃木県は「人口流出が激しく、工業化による農業県からの脱却をはかるため積極的に企業誘致を進めていた」(日産自動車㈱社史編纂委員会編『日産自動車社史 1964～1973』1975年)が、その一環での進出だった。この間65年には、プリンス自動車(富士精密工業と旧プリンス自工が54年合併して誕生)と合併、プリンス系の部品企業を吸収再編した。合併当初の日産とプリンスの業種別関連部品

表13 日産・プリンス合併時点の業種別関連部品会社数(1966年8月)

	旧日産	旧プリンス
専門	71	79
ゴム・内外装	36	63
機械加工・小物	47	91
プレス・板金	14	43
鋳鍛	19	45
車体架装	4	3
計	191 (社)	324 (社)
購入額/月	120 (億円)	25 (億円)

注:旧プリンス系には、日産と取引のあるメーカーも入る。
出典:日産自動車㈱社史編纂委員会編『日産自動車社史 1964～1973』1975年、62頁。

企業数は、表13のとおりである。旧日産が191社、購入額120億円に対して旧プリンスは324社、25億円となっていた。旧プリンス側の部品企業が、購買額の割には社数が多いのは「プリンス協力会メンバーの部品メーカーには宝会メーカーより規模の小さなものが著しく多」かったからであり、合併直後の66年時点で従業員300人以上のメーカーは、旧日産側が50％だったのに対して旧プリンス側は10％台であった（同上）。したがって、日産は、旧プリンス部品メーカーの多くを自社のTier2企業に組み込む「縦隊編成方式」（同上）で再編し直した。こうして、日産はプリンス系の部品メーカーを包摂することで、部品供給体制の整備と強化を行ったのである。

　しかし、他の部品メーカーがそうであるように日産の場合も、主要部品メーカーは、カーメーカーにつきそって、カーメーカーが動くとそれに随伴して事業を展開していった。たとえば、日産の工場展開は、その主要部品メーカーだった日本ラジエター（日ラジ）と関東精機（後に両社は合併してカルソニックカンセイとなる）の拡大過程と連関を持っている。54年に日産の傘下に入った日ラジは、62年には追浜に工場を、69年には栃木県佐野町に新工場を建設している。ラジエター、マフラー、カーヒーターといった重量部品であるから組立工場に隣接して建設する必要があったのだろう。計器類を作っていた関東精機は当初は東京都の北区に生産拠点をもっていたが、60年には大宮へ、68年には福島県二本松へ、74年には栃木に工場を建設して日産工場の栃木展開へと備えたのである。

　しかし1990年代の苦境期を経過し、2000年のルノーとの提携後はカルロス・ゴーンCEOの下で、不採算部門の再編が実施されるなかで、神奈川県の久里浜工場、座間工場（一部存続）、村山工場が閉鎖され、関東地区には横浜工場、追浜工場、座間工場、湘南平塚工場、栃木工場を所有する形となった。また2000年以降は、「系列解体」の方針が進められ、仏ヴァレオがユニシアゼックス、市光工業を買収、ボッシュがゼクセルを買収、ジョンソン・コントロールズが池田物産を買収するなどの動きが見られた。日産は一方で「系列解体」を推し進めながら、他方ではカルソニックカンセイを子会社化するなど集中を強化する動きも見せた。こうして2003年は2兆円余の赤字を解消し、2001年比で3年間で出荷台数100万台増、8％の営業利益達成、負債ゼロの実現をめざす「日産180」を推進し、ルノーとのプラットホームの共通化を推進した。

ホンダ

　ホンダもほぼ日産と同様の動きを見せた。2輪車メーカーから出発したホンダは、60年代後半には日本のオートバイ市場において占拠率は50％を超えていた（出水力『オートバイ・乗用車産業経営史——ホンダにみる企業発展のダイナミズム』日本経済評論社、2002年、47頁）。64年には東京都の狭山に新工場を建設し、軽4輪車「N360」の生産に着手した。72年にはアメリカのマスキー法をパスした小型車シビックの生産に着手した（西田通弘『語りつぐ経営——ホンダとともに30年』講談社、1983年）。その後70年には栃木工場で4輪車生産を本格化させた。トヨタや日産と異なりホンダは、その傘下に強力な部品メーカーを系列として持っていなかったが、ホンダと深い取引関係のある会社で、のちに系列に入る部品企業は、狭山や栃木に集中していた。たとえばサンルーフ、樹脂燃料タンクなどをおさめる八千代工業は狭山市に拠点をもつし、ショックアブゾーバーのショーワは埼玉県行田市に、ブレーキ部品の日信工業やワイパーモーターのミツバなどは、それぞれ長野県上田市、群馬県桐生市など北関東地域に拠点をもっている。操業当社からホンダは系列方針を鮮明にはしていなかったが、2000年代に入ると部品企業を傘下に収める動きを積極化させ、八千代工業を子会社化したことに象徴されるように積極的取り込みを図り始めている。05年からは「新中期事業計画」を推進しており、駆動システム「SH-AWD」の他機種への適用拡大、北米でのライト・トラックの積極的投入、中国での東風本田汽車の生産能力拡充などに取り組んだ。

いすゞ

　1949年社名をいすゞと改名したあと、同社は、58年には鶴見、川崎製作所をそれぞれ建設し、川崎製作所では「ヒルマン」の生産をおこなった。同社は、61年には神奈川県の藤沢に藤沢製作所を建設、翌62年には各製作所を統合して普通・大型車担当の川崎工場と小型車を生産する藤沢工場の2工場制を確立した。そして手狭になった川崎工場を補填するために72年には栃木県大平市に栃木工場を新設した。他方、部品企業はといえば、その多くは関東地区に集中していた。キャブやプレス金型を生産する車体工業は神奈川県大和市に、ブレーキドラムを生産する三和金属も近接する海老名市に、ピストンを生産するピストン製

造は川越市に、リアやフロントアクセルなどを生産する自動車部品工業は三和金属と同じ海老名市にあって、そこから部品は供給されている。これらのサプライヤーに対してホンダは 06 年以降部品の共通化を進めてコストダウンを推進している。

富士重工

富士重工の前身が中島飛行機であることは前述した。連合軍の手で戦後航空機生産が禁止されるなかで、1953 年富士工業、富士自動車工業、大宮富士工業、宇都宮車両、東京富士産業の 5 社が合併して富士重工業を発足させたことにはじまる。したがって、当初は、三鷹と群馬工場は主にスバルの生産を担当し、大宮工場はエンジン生産を、宇都宮車両は鉄道車両を、伊勢崎工場はバス生産を、宇都宮工場は航空機を生産するという多様性を持っていた。しかし次第に生産拠点の統合を図り、群馬製作所では自動車を、伊勢崎製作所ではバスを生産し、89 年には三鷹製作所と群馬製作所を統合し、エンジン生産を群馬製作所に集中する方向を進めた。したがって富士重工業の部品供給企業は、当初は、三鷹、群馬、大宮、伊勢崎、宇都宮に分散していたが、次第に群馬地域へと集約されてきている。

その他

三菱ふそうは 1942 年に川崎市に工場を建設、79 年にはトラックのトランスミッション用のギアを生産するため神奈川県内陸の愛甲郡に中津工場を建設した。しかし本体の三菱自動車が、リコール問題と関連して経営危機に陥った 2003 年 1 月、三菱ふそうはダイムラーの経営傘下に入ることとなった。そしてダイムラーが 85％の株を所有することによって、事実上同社の子会社となった。

日野は 1940 年に東京都日野市にトラック工場を建設、63 年には東京都下羽村市に羽村工場を立ち上げ、80 年には群馬県新田市に新田工場をスタートさせた。他方、日産ディーゼルは 1962 年に埼玉県上尾市に工場を設立、72 年には埼玉県の鴻巣市に鴻巣工場、92 年には埼玉県の羽生市に羽生工場を設立している。パーツメーカーも東京以北の北関東地域に展開している。

(4) カルソニックカンセイの事例研究

モジュール化の動き

　関東地区で注目すべきは、日産がカルソニックカンセイと共同して我が国で最初のアウトソーシング型のモジュール生産を開始したことであり、それは2001年6月の日産栃木工場が最初であったという点である。日産の「スカイライン」と「ステージア」の組立ラインに併設されるかたちでカルソニックカンセイが担当するコックピット・モジュール、フロントエンド・モジュール、河西工業が担当するルーフ・モジュールが稼働し始めたことにその端を発する。その後大井製作所によるドア・モジュールが加わった。ここでは、カルソニックカンセイを事例にその推進過程を跡づけておこう。

日本ラジエーターの発足と展開

　日本ラジエーター（日ラジ）の創立は1938年に従業員13名、資本金2万円のラジエーターを生産する会社を立ち上げたことにはじまる。その後は戦時色が濃厚になるなかで、東京中野にあって従業員は50名前後の軍管理会社として魚雷用の冷却機を生産する海軍管理の指定工場となった。戦後は、民需転換のなかで本業のラジエーター生産以外に玩具、パイプといったさまざまな部品生産に乗り出すが、ドッジラインの苦境を朝鮮特需で乗り切った後の54年に日産の資本参加が決まり、日産のすべてのラジエターを日ラジが生産することとなった。54年以降はラジエターからマフラー、カーヒーターにまで生産領域を拡大し、62年にはマフラー生産専用の工場を追浜に、66年にはカーヒーター工場を神奈川県厚木に立ち上げた。この間61年にはデミング賞（中小企業）を受賞しているし、オースチン社から導入したカーヒーターの技術を基盤に改良型の開発にも成功している。また68年にはアメリカのアービン社からマフラーに関する技術提携を、70年にはルノーからリザーブタンクシステムに関する特許権を取得している。60年代後半の日産の年産100万台増産に合わせるため、同社も生産をフル稼働し、戦時体制並の「無欠勤君もあなたも声かわし」といったスローガンや「弾を絶やすな」といった協力工場への呼びかけが行われた。日産栃木工場

向けのカーヒーター生産工場が栃木県佐野に設立されたのは69年7月のことだった。70年にはこの佐野工場でエアコン・モジュールラインを設置している。

　この間好調に支えられて、70年の売上高は創業以来はじめて100億円（半期）を突破した。マフラー及び排気処理コンバーター生産工場として新たに群馬県邑楽郡に群馬工場が設立されたのは74年5月のことだった。70年代は対米市場の好調に支えられて輸出が急伸した時期だが、それに合わせて74年に北九州の苅田市に新工場を設立するにともない同社も77年2月から大分県中津に新工場を設立しマフラー、カーヒーターの供給を開始した。70年代には海外事業展開も積極化した。すでに69年にはタイ日産に部品を供給しているサイアム・オート・パーツとの間で技術援助を行っていたが、72年には初の海外駐在員事務所をアメリカはロサンゼルスに、76年には同所に現地法人を、81年にはアーバインに新工場を、83年にはテネシー州シェルビーブルに新工場を立ち上げてラジエター、マフラー、コンバーターなどの生産を開始した。アジア地域に関しても、78年の永大機電工業との技術援助を皮切りに台湾での事業活動を拡大したのである（ダイヤモンド社『日本ラヂエーター——熱交換器の専門メーカー』ダイヤモンド社、1969年、同『大いなる飛翔——日本ラヂエーター株式会社40年史　最近10年の歩み』1978年、カルソニック株式会社『世界企業への挑戦——日本ラヂエーターからカルソニックへの50年』1988年、『飛躍—そして新世紀へ——カルソニック60年の歩み』1998年）。

関東精機の発足と展開

　関東精機の成立は、1956年にさかのぼる。もともと時計を生産する英工舎の東京都北区赤羽工場だったが、日産が部品工場として買収し、自動車の計器生産工場としたものであった。50年代後半から60年代にかけて日産の生産拡大に相応して速度計、温度計、油圧計の生産を拡大し、58年には「機械工業振興措置法」に基づき申請した合理化計画が認められ、合理化指定工場となり日本開発銀行の設備資金融資を受けて合理化計画を進めることができた。59年には板橋に分工場を設立したが、手狭問題は解決せず、60年には大宮に新工場を立ち上げ、設備も一新、60年にドイツのVDO社と66年イギリスのスミス社から最新の計器生産設備を導入し量産体制を確立した。68年には福島県二本松工場を開設、70年にはテクニカルセンターを開設して技術向上に努め、74年には栃

木工場を立ち上げた。この間計器類の電子化が急進しており、これへの対応が重要課題となった。75年には日産の九州工場建設にともない関東精機も77年に大分県宇佐に九州工場を立ち上げた。また同年には廃棄ガス対策、水晶時計関連部品生産のため大宮工場の分工場として埼玉県幸手に新工場を立ち上げている。80年代に入ると日産のアメリカ進出に伴い関東精機も90年にはミシガン州にKECを、91年にはカンタスメキシカーナを設立、96年にはインドネシアに合弁で工場を建設するなど海外展開を積極化させた。この間91年には社名をカンセイと改称している（株式会社カンセイ社史編纂委員会編『輝きつづけて——カンセイ43年のあゆみ』2000年）。

カルソニックとカンセイの合併

1999年1月に日産とルノーの資本提携が発表され、2000年4月にはカルソニックとカンセイの合併が行われ、新会社としてカルソニックカンセイが誕生した。この会社の誕生は、日産のモジュール生産を実施するための合併だった。日産のモジュール戦略は1997年ころから準備され、99年3月にはカルソニックとカンセイの合併によるモジュール化の有効性が確認されていた。99年1月ルノーとの提携が結ばれ、両社の間で組織変更が進められ、2000年以降は3つのモジュールセンターの確立とモジュール体制への移行が推進された。3つとはコックピット・モジュール、フロントエンド・モジュール、エンジンエクゾースト・モジュールである。当初コックピット・モジュール関連は群馬、佐野、吉見、大宮、二本松、児玉工場が、フロントエンド・モジュール関連は厚木工場が、エンジンエクゾースト・モジュール関連は追浜工場が担当した（具承桓『製品アーキテクチャのダイナミズム——モジュール化・知識統合・企業間連携』ミネルヴァ書房、2008年、132頁）。

モジュール生産体制の推進

合併後カルソニックカンセイはモジュール生産を効率的に実施するため、企業再編成を推進した。

2002年7月にはワイヤーハーネス事業を住友電装に売却するとともに九州中津、宇佐の工場を分社化して日産自動車九州工場にコックピット、フロントエ

ンドモジュールの生産ラインを新設している。2003年に入ると大宮工場を閉鎖して、メーター生産を二本松工場へ、開発部門は佐野工場へ移管、二本松工場を分社化している。また追浜工場を日産追浜工場向けコックピットモジュール工場にするため、マフラー生産を群馬工場に生産移管し、佐野工場を開発拠点化するため、佐野工場の空調部品をこれまた群馬工場へ移転した。また佐野工場にあったモーターアクチュエーターは2002年に新設された中国江蘇省無錫工場へ移管した。さらに2004年に入ると関連会社のセンサー事業2社と金型・治具事業2社を統合、そして関連会社の東京ラジエーターを連結子会社化した。こうして、2000年4月のカルソニックとカンセイ合併以降の企業再編はほぼ終了した（FOURIN『国内自動車調査月報』52、2003年7月）。

モジュール化の効用

こうした企業再編の推進でカルソニックカンセイのモジュール化率は、2004年度の30.5％から05年には40.4％へと増加、特にコックピット・モジュール生産は急速に増加を開始した。

ヨーロッパから出発したこのモジュール生産は、カーメーカーの組立ラインの簡素化、組立工数の削減、物流合理化、部品の統合などコスト削減に大きく寄与し、しかもモジュール単位での開発、製造、部品調達、品質管理などで従来カーメーカーが行ってきた業務をモジュールメーカーにアウトソーシングしてコスト削減を図ることが可能となった。加えて、欧州や韓国の場合カーメーカーと部品メーカーの間には著しい賃金格差が存在するため、モジュール化した分だけコスト削減のメリットがある（小林英夫・大野陽男『グローバル変革に向けた日本の自動車部品産業』工業調査会、2005年、242頁）が、カルソニックカンセイの2001年以降のモジュール化では、以下のような効果が生みだされた。1つはこのモジュール化の開発の過程が、同時にまた旧カルソニック社と旧カンセイ社の開発部門の統合過程であり（前掲『製品アーキテクチャのダイナミズム』、138頁）、同時にまた、合併企業にありがちな不協和音を統合する過程でもあったことである。

しかも、2000年度から2002年度までのモジュール化推進過程をみると、日産の好調さも手伝って、売上高は4301億円から4605億円、5450億円と増加しており、営業利益も83億4000万円、85億3200万円、156億9000万円と上昇、経

常利益率も 1.6％、1.8％、3.0％へと増大しはじめていた（FOURIN『国内自動車調査月報』51、2003 年 6 月）。

　もっともこうしたカルソニックカンセイのモジュール化の成功の背景にカーメーカーである日産とサプライヤーであるカルソニックカンセイ間の「知識プール」（前掲『製品アーキテクチャのダイナミズム』、140〜141 頁）があったことを忘れるべきではあるまい。つまり、モジュール化を始める以前から日産系列にあったカルソニックとカンセイには、元日産の技術者が多数社内におり、人的交流が盛んに行われていたのである。こうした交流が 2001 年以降のカルソニックカンセイのモジュール化を基底から支えていたものと思われる。

カルソニックカンセイとモジュール生産

　現在、日産追浜工場に隣接したカルソニックカンセイ追浜工場では、エンジン・エクゾーストパーツを日産に納入すると同時に日産工場内のメインラインの横にモジュールラインを設定し、コックピット・モジュール部品をメインラインに供給している。コックピット・モジュールに関しては、日産と同期生産を実施しており、2010 年現在 6 時 30 分から 15 時までの早番と 16 時から 0 時 30 分までの遅番の 2 直体制で生産を実施している。もっとも日産側が追加残業を行う場合には、カルソニックカンセイのモジュールラインも同様の残業を実施する。モジュール要員は、正規社員 16 名、派遣社員 34 名、業務委託 6 名の合計 56 名で、半数の 28 名が 1 班を構成して 2 直体制を採っている。モジュールラインのスピードは 1.49 分で、ラインは 23 ステーションから構成されているのでこの間 34 分、これにバッファーを加えて合計 37 分の所要時間が必要となる。これにメインライン搬入までの 10 分間が加算されて合計 47 分が生産に必要なリードタイムということになる。モジュールラインでの部品組付けについては、取り出し側にはすべて部品指示装置が設置されていて、生産順に使用部品棚にあるランプが点灯し、そこから部品を取り出すことで、仕様違いや部品欠品が生じることを防止している。また受注は 3 ヵ月前に入り、1 ヵ月前に修正が行われ、4 日前に Tier2 企業への部品発注が行われ、3 日前には確定される。当日は最終の順番の入れ替えが実施されるが、6 時間前には Tier2 からの部品が到着する。これらのオーダーは、すべてコンピューターを活用したジーピックス（GPICS）システムで実施さ

れ、客先から来る車両オーダーは、部品ごとに分割されてTier2企業に送られるシステムになっている。コックピット・モジュールの全体部品点数60点のうち、その3分の1は、日産の共通部品として横浜の本牧にあるデポ（倉庫）からミルクランで運ばれる。残り3分の2は、北関東に展開するカルソニックカンセイ系の部品企業から供給されるが、それらは東松山にあるカルソニックカンセイのデポから約4時間かけてトラック便で、午前と午後にそれぞれ16台ずつ、1日合計32台で追浜工場に運び込まれる。こうして日産は、モジュール生産を実施した結果、従来の3ラインのトリムラインを1ライン縮小することが可能となった（カルソニックカンセイへのインタビューデータによる。2010年1月29日）。

カルソニックカンセイの海外展開と関東地区の工場閉鎖

2009年に入り、国内生産の減少と海外展開の積極化にともないカルソニックカンセイは、開発と生産両面での海外移転と国内生産体制の見直しを推進している。まず2010年を目処に国内工場の集約と人員の削減を進めている。群馬／児玉工場へのコンポーネントの集約生産、追浜工場のサテライト化、吉見工場の生産技術集約化の動きなどがそれである（FOURIN『国内自動車調査月報』101、2007年8月）。それにともなって関東地区での工場閉鎖が生まれてきている。2010年10月を目処とする厚木工場の閉鎖はその動きの1つと考えられよう。元来この厚木工場では熱交換器、モーター用ファン、コンデンサー、ターボ車向けインタークーラーが生産されていた。主力製品の熱交換器は、群馬工場に移転させる予定で計画を進めている（「日本経済新聞」2009年8月26日）。

5　中部・東海地区における自動車・部品産業の実情と課題

はじめに

　中部・東海地区は日本自動車産業の発祥の地であると同時にトヨタ、三菱、スズキといった世界メーカーが軒を並べる自動車先進地域でもある。その多くは明治期にその発祥の起源を有し、繊維産業や2輪車製造業から4輪車生産に移行した歴史を有する。したがって、中部・東海地区は関東地区と並ぶ開発の中心地であり、かつ生産の集中地でもある。ここではその歴史と現状を明らかにし、当面する課題とその克服の過程を跡付けてみたい。

(1) 中部・東海地区の自動車産業の発展過程

中部・東海地区自動車産業概況

　中部・東海地区は、日本を代表する自動車産業の生産拠点であり、トヨタ、スズキ、三菱自動車などの生産拠点が集中し、それらを頂点に裾野の広い産業集積が展開されている（次頁表14参照）。地理的にみると名古屋市から東の豊田、岡崎市までの西三河地域がトヨタの部品供給の主力地帯をなし、さらに西側には豊橋・浜松市を包含するスズキに部品を供給する東三河・遠州地域の機械工業集積地域が存在する。この地域で生産される自動車台数は約433万台（2008年）で全国比では41％を占め日本最大の自動車生産地域を形成している。しかもトヨタ、スズキはともにここに本社を持つと同時にトヨタテクニカルセンター、豊田中央研究所、スズキの開発拠点をはじめとする開発センターをこの地区に持っている。この地区の自動車産業をリードしているのは、ほかならぬトヨタである。トヨタ自動車は1937年にこの地で創業された。本社工場は1938年に設立されている。

　敗戦時には壊滅的打撃を受けたが、戦後はGHQのトラック受注などで復興をとげ、48～49年の不況と経営危機を金融機関の緊急融資や合理化で乗り切り、朝鮮特需で息を吹き返した。59年には元町工場が設立され、その後三好、堤、明知、下山、衣浦、田原の各工場が次々と建設され、2009年現在で愛知県内の

表14　東海地方の自動車工場の概要（単位：人、100万円）

	工場名	所在地	主要製品	操業開始	従業員数	帳簿価額
トヨタ	本社工場	愛知県豊田市	ランドクルーザーのシャシー、鋳造部品他	1938.11	4,146	49,359
	元町工場	愛知県豊田市	クラウン、マークX 他	1959.8	6,985	68,073
	上郷工場	愛知県豊田市	エンジン	1965.11	3,337	50,854
	高岡工場	愛知県豊田市	カローラ、オーリス他	1966.9	4,489	50,379
	三好工場	愛知県三好市	駆動関係部品、冷鍛・焼結部品	1968.7	1,569	—
	堤工場	愛知県豊田市	カムリ、プレミオ他	1970.12	4,813	44,882
	明知工場	愛知県三好市	足廻り鋳物部品、足廻り機械部品	1973.6	1,663	—
	下山工場	愛知県三好市	エンジン、ターボチャージャー他	1975.3	1,591	—
	衣浦工場	愛知県碧南市	駆動関係部品	1978.8	3,123	50,397
	田原工場	愛知県田原市	LS、GS、ランドクルーザーブランド他	1979.1	7,204	170,668
	貞宝工場	愛知県豊田市	機械設備、鋳型及びプラスチック型	1986.2	1,466	—
	広瀬工場	愛知県豊田市	電子制御装置、IC 等の研究開発と生産	1989.3	1,383	—
三菱自動車	名古屋製作所	愛知県岡崎市	コルト、グランディス他	1977.8	2,935	16,293
三菱ふそうトラック・バス	大江工場	愛知県名古屋市	小型バス	1946	290	—
ホンダ	浜松製作所	静岡県浜松市	中大型二輪車、AT トランスミッション	1954.4	3,391	—
	浜松製作所（細江工場）	静岡県浜松市	船外機	2001.9		
	鈴鹿製作所	三重県鈴鹿市	シビック、フィット他	1960.4	7,700	56,248
	八千代工業㈱四日市製作所	三重県四日市市	ゼスト、ライフ他	1985.8	1,310	24,000
スズキ	高塚工場	静岡県浜松市	二輪車エンジン	1939.9	720	19,438
	磐田工場	静岡県磐田市	キャリイ、エブリイ他	1967.8	1,570	13,749
	大須賀工場	静岡県掛川市	鋳造部品	1970.1	450	9,857
	湖西工場	静岡県湖西市	アルト、アルトラパン、ワゴンR 他	1970.10	2,270	33,132
	相良工場	静岡県牧之原市	四輪車エンジン	1992.5	980	42,681

注：東海地方とは静岡県、愛知県、岐阜県、三重県を指す。
出典：表10に同じ。

　トヨタ系工場は全部で12工場になる。そして当初は、部品部門は内製化されていたが、時とともに分社化されて、デンソーやアイシンなどが設立されていった。これらの工場と部品企業を見ると、工場を中心に同心円をえがくような形で部品工場が位置づけられている。トヨタに続くのがスズキである。スズキの出発点は、

トヨタ同様に繊維企業にあるが、1939年静岡県浜松市に建設された高塚工場である。その後52年にはエンジン付き自転車を生産して輸送機部門に進出、54年には鈴木自動車工業に改称、2輪車生産を進めるとともに、55年には「スズライト」をヒットさせて4輪車部門に進出し、4輪車生産の専門工場として1967年に静岡県に磐田工場を建設した。79年には小型車「アルト」を発売、軽乗用車ブームにのって販売台数を伸ばし、その後スズキは静岡県に5工場を展開した。部品メーカーも静岡県を中心に広がりを見せている。

三菱系企業も生産工場を名古屋周辺に所有している。ひとつは三菱自動車工場で、岡崎市近郊にある乗用車工場である。この工場は、トヨタの部品供給密集地帯の西端に位置し、スズキの部品企業が集中する浜松・湖西地区の東端に位置している。またいまひとつは名古屋市の南の大江工場で、ここは三菱ふそうのトラック工場として、名古屋、三重に広がる部品供給帯をその供給基地として持っている。

またホンダだが、2輪車を生産していた浜松製作所は1954年から稼働していたし、三重県の鈴鹿にはホンダの鈴鹿製作所がある。同じ三重県の四日市市には、事実上のホンダの子会社である八千代工業の四日市製作所が稼働している。

(2) 産業集積の実情

では、中部・東海地区の自動車産業の産業集積を検討するために愛知と静岡両

表15 静岡県・愛知県の自動車部品産業の従業員数、事業所数

《従業員数》

	1996	1999	2001	2004	2006
静岡県	98,196	97,748	101,095	103,165	109,520
愛知県	219,935	201,982	217,679	230,610	249,680

《事業所数》

	1996	1999	2001	2004	2006
静岡県	2,611	2,488	2,515	2,332	2,332
愛知県	3,315	3,183	3,362	3,292	3,415

出典：表11に同じ。

県の県別自動車部品産業の事業所数、従業員数の推移を見てみよう（表15）。

前述した関東地区が、1991年を契機に事業所数や従業員が減少を開始するのに対して静岡県や愛知県は、2000年代に入ってから勢いを取り戻し、事業所数、従業員数ともに漸増を開始する。規模的には愛知県が静岡県に対して事業所数で1.3倍、従業員では2倍以上の規模を誇るが、トヨタ自動車の規模が愛知県のそれとして直接反映されていることは言うまでもない。しかし、2008年まで継続した拡張が、2009年段階でやや下火になっていることは否めない。特に人手不足による求人難の影響が大きく、トヨタを始め各自動車メーカーの他地域への生産移管は顕著になっている。トヨタの場合には、国内生産でも愛知県外の北部九州や東北地区に生産拠点を移しはじめている。しかし、増産部分を他県に求めて生産拠点を拡張していることは上記の通りだが、愛知・静岡両県のトヨタ系、スズキ系工場で工場閉鎖に踏み切った例はない。

(3) 中部・東海地区自動車部品産業の展開

トヨタ

トヨタ自動車がトヨタ自動織機製作所自動車部門から分離したのが1937年で、38年には本社工場が設立されたことは前述した。そしてその後は元町工場を手始めにその周辺に次々と組立工場が建設された。そして部品メーカーはその工場群の南西半径15キロ以内の刈谷駅北方に位置し、そこには豊田自動織機、豊田紡織、トヨタ車体、デンソーなどが展開している。そしてトヨタの部品企業群は、豊田から岡崎へ南下し、岡崎から刈谷を経て境川まで西行、そして境川から豊明を経て北上し、元町工場、本社工場にいたる四方形のなかに分厚い産業集積を成しているのである。それ以外には刈谷から矢作川、西尾を経て幸田にいたる地域にも部品企業が散在し、堺川河口の衣浦周辺や対岸の半田、武豊にも自動車部品メーカーとともに機械工業や化学工場が集積している（図27）。その結果トヨタ自動車の2007年の生産実績は日本国内422万6000台、海外生産430万9000台、合計853万5000台にのぼっており、トヨタの国内生産台数は2007年の全国自動車生産台数1160万台の36.4％を占め、愛知県のみならず、全国レベルでのリーディング企業となっている。

図27　トヨタ自動車・同部品企業分布図

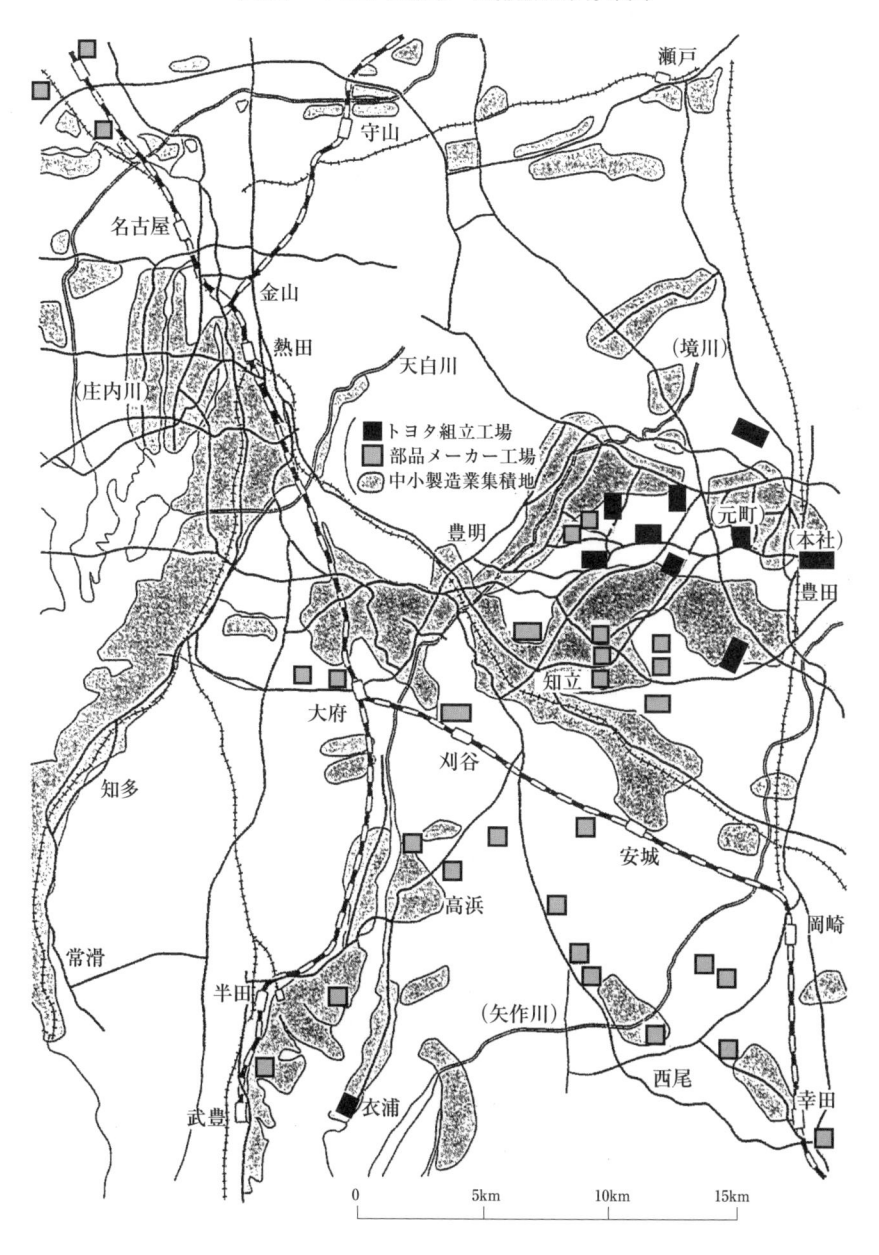

■ トヨタ組立工場
■ 部品メーカー工場
　 中小製造業集積地

出典：小林英夫・竹野忠弘『東アジア自動車部品産業のグローバル連携』文眞堂、2005年、110頁。

表16　トヨタ自動車の自動車輸出、海外生産実績（単位：千台）

	1999	2000	2001	2002	2003	2004	2005	2006	2007	2008
国内生産（a）	3,118	3,429	3,354	3,485	3,520	3,682	3,790	4,194	4,226	4,012
輸出台数（b）	1,548	1,706	1,666	1,817	1,836	2,001	2,043	2,529	2,666	2,586
海外生産（c）	1,611	1,751	1,779	2,148	2,553	3,037	3,571	3,899	4,309	4,198
輸出比率（b）／（a）	49.6%	49.8%	49.7%	52.1%	52.2%	54.3%	53.9%	60.3%	63.1%	64.5%
海外生産比率（c）／（a）＋（b）	34.1%	33.8%	34.7%	38.1%	42.0%	45.2%	48.5%	48.2%	50.5%	51.1%

出典：トヨタ自動車㈱資料。

　また、輸出も266万6000台で、海外輸出比率は63.1％の高さに及んでいる。また、海外生産比率は、50.5％に達しているのである。高い輸出比率と海外生産比率はトヨタの特徴であると同時に日本自動車産業の特徴でもある（表16）。

　2008年暮れから始まる自動車不況はトヨタを始めとする中部東海地域の自動車企業にも大きな打撃を与え、2009年初頭では期間工の解雇問題をめぐって社会問題化した。しかし2009年後半からHV車が政府の財政補助を受けて買い替え需要や新規需要が増すに伴い、景気を回復してきた。しかし2010年初頭のトヨタ自動車へのクレーム問題の発生とともに一度浮上しかけた回復基調は再び厳しい状況に追い込まれた。

三菱自動車・三菱ふそう

　三菱自動車の岡崎工場が設立されたのが1977年のことだった。図27で見ると岡崎駅の西方に位置する場所に工場を有している。したがって、これと関連して岡崎駅西方には部品企業の集積がみられる。また名古屋市の南の大江には1946年設立の三菱ふそうの大江バス工場がある。ここに部品を供給するために同図の庄内川両岸に部品工業の蓄積がみられるのである。しかし、この大江バス工場は、2010年末までに富山市の三菱ふそうバス製造会社に統合されることとなった。

スズキ

　スズキは1967年に建設された主力の磐田工場、70年の湖西工場、92年の牧之原の相良工場ともに浜松の東西に位置しており、湖西工場は愛知県に最も近い場所に位置している。したがって、スズキの部品メーカーもその大半が静岡県浜松市周辺に集中している。『鈴木自動車70年史』掲載の「鈴自協力協同組合員」の

図28 スズキ自動車、鈴自協力協同組合員、スズキグループ

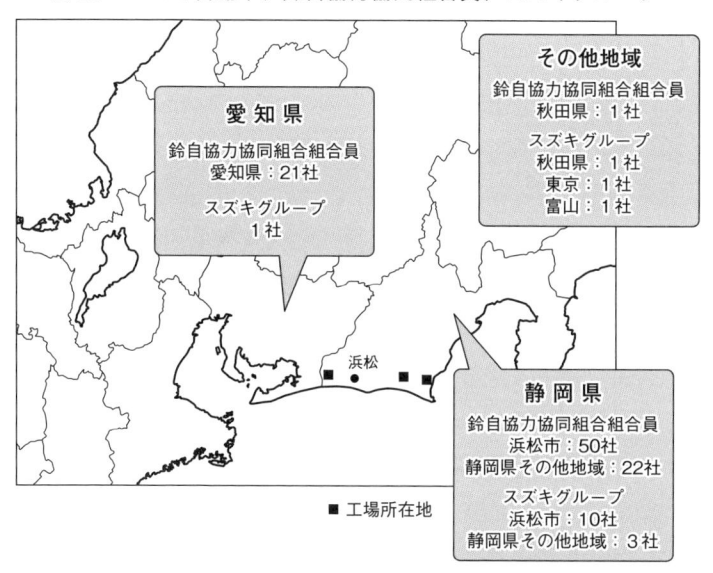

その他地域
鈴自協力協同組合員
秋田県：1社
スズキグループ
秋田県：1社
東京：1社
富山：1社

愛知県
鈴自協力協同組合員
愛知県：21社
スズキグループ
1社

静岡県
鈴自協力協同組合員
浜松市：50社
静岡県その他地域：22社
スズキグループ
浜松市：10社
静岡県その他地域：3社

■ 工場所在地

出典：鈴木自動車株式会社『鈴木自動車70年史』1990年、349〜351より作成。

リストで、その所在地を見てみると組合員総数94社中浜松市に生産拠点を構える部品メーカーは50社、全体の53.1％を占めている。部品企業も浜松市を除けば、あとは磐田市や湖西市など、スズキ主力工場の周辺部分に展開している（『鈴木自動車70年史』）（図28）。その意味ではスズキもトヨタと同じように繊維産業からスタートし企業城下町的部品産業集積をもっているが、トヨタと異なるのは、スズキの場合、4輪車生産に移る前に長い間2輪車生産を行ってきたという、ホンダと類似した性格をもっていることであろう。このことが部品企業の構成にも一定の特徴を生み出している。つまり、トヨタの場合は、その傘下部品企業の中核に中途で分社化した巨大企業をもつがスズキの場合はそうした企業は少なく、相対的に独立性をもっていることである。地域的つながりのなかで、一種の「系列」的意味合いを持つ部品企業を育ててきた点にスズキの特徴と強さがあると考えられる。

(4) KYB の事例研究

KYB の発足と展開

　KYB は日本国内最大手の独立系の緩衝用油圧装置生産メーカーで、ショックアブゾーバーやパワーステアリングポンプシステムの生産を行っている。創業は 1919 年の発明研究所までさかのぼるが、1927 年に航空機用の油圧装置の製造会社として製造部門に参入し 35 年には萱場製作所と社名を変更した。岐阜に工場を新設したのが戦時中の 1943 年のことで、主に航空機の脚部品を生産するために設立された。当時主要な航空機会社が関西地区に集中していたこともあって、そこに部品を供給するために適切な地点として岐阜が選択されたのである。この工場が、現在の岐阜南工場で、2 輪車用緩衝用油圧装置や油圧シリンダーの生産工場となっている。敗戦後、軍需部門が消滅したなかで、萱場製作所は、48 年には民需用生産に転換し、54 年から 2 輪車用のショックアブゾーバーの生産に着手した。そして 61 年には浦和特装車輌工場を設立し、68 年には 4 輪用の部品メーカーとして生産を拡大した（カヤバ工業株式会社『カヤバ工業 50 年史』1986 年）。

拡大過程

　1968 年には岐阜南工場と並んで新たに岐阜北工場を新設しショックアブゾーバー、パワーステアリング、オイルシールの本格的生産に乗り出した。そして 71 年には三重県津と埼玉県熊谷にそれぞれ新工場を建設し、2 輪、4 輪車のショックアブゾーバーを生産し 75 年には相模原工場を新設、80 年には TQC 活動に対しデミング賞を受賞している。この時期から海外生産も活発化し 74 年には米国に販売会社を、76 年にはインドネシアにショックアブゾーバーの生産会社を、そして 83 年にはスペインとマレーシアに、96 年にはタイにそれぞれショックアブゾーバーの生産会社を設立している。この間 85 年には社名をカヤバ工業に変更した。

　2000 年以降も海外展開は続き、2002 年にはベトナム、中国に、2004 年には中国に新たに販売会社を設立している。そして 2000 年前後からカヤバ工業もモジュール生産の共同開発に着手する。カヤバ工業とブリジストン、曙ブレーキ 3

社での足廻りモジュールの共同開発がそれである。しかし、カヤバ工業の主力は、ショックアブゾーバーやパワーステアリングの生産と販売におかれ、全売上げの92％を油圧製品が占め、システム製品は8％の売上げにとどまった（FOURIN『国内自動車調査月報』80、2005年11月）。そして2005年には、社名をカヤバ工業からKYBに変更した。

トヨタとの関連

　独立系とはいえ、主力工場が岐阜にあることに象徴されるようにトヨタとの関連は深い。トヨタには主に岐阜北工場が中心となって、「クラウン」「マークⅡ」に加えて「レクサス」のショックアブゾーバーを月間5万本ほど供給している。またトヨタとは共同開発体制をとっており、車の振動への応答性や快適な曲りを生む走行中の摩擦制御システムはその共同作業の産物である。ショックアブゾーバーの製造においては現場での粉塵除去が最大の問題であるが、トヨタの品質管理は厳格で、たとえば、レクサス生産現場ではフォークリフトが行き交うと粉塵を生むため使用禁止である。またトヨタからは完成車組み立て3時間前に発注を受けるが、岐阜北工場はそれを受けて生産に入り、1本のショックアブゾーバーを6秒程度で完成させ、必要本数をジャストインタイムでトヨタの工場に納品する。その生産時間を短縮するための改善活動が展開されている。現在、工程不良数は1万本に数本といった比率だという（「日経産業新聞」2006年1月27日）が、この不良品を減らすための改善活動が展開されている。

リケン事件とKYB

　2007年7月に勃発したリケン事件とそれがカーメーカーに及ぼす影響に関しては、すでに論じたが、この事件を契機にKYBも地震対策に乗り出した。KYBもリケンから油圧ポンプ部品の供給を受けていた関係で、その被害をうけたが、その教訓を生かしてKYBも取り組みを開始したのである。その動機は、被害を受けただけではなく、KYBが、リケンと同じような立場にあるという点が大きかった。市場占拠率は、ピストンリングのリケンが50％であるのに対して、ショックアブゾーバーのKYBは60％と高く、もし自社が地震の被害を受けて操業ストップに陥った場合、同じような現象が生まれるからである（「日経産業新聞」

2007年10月16日）。KYBは、国内シェア6割を占める主力製品のショックアブゾーバーを岐阜北工場で集中生産している。したがって、この工場の耐震化は重要な課題となった。設備を床に固定化する作業やベンダー工場の耐震化指導など多面的対策を実施してきたのである。もっともこうした対策で、設備が固定化された結果ラインの引き直しなどが機動的にできないという欠陥も生まれたが、安全第一を優先したという。

「量より質」へ

2008年5月KYBは「A Global 108」を発表し、売上高よりは経常利益率を上昇させる方針を明示した。グローバル競争に打ち勝つためには、マーケットシェアよりは収益率を重視する必要がある、と判断したのである。

KYBは、2007年に売上高3871億円、経常利益176億円を記録したが、2008年の目標としては、売上高は前年比5％増の4400億円、経常利益率は前年実績4.6％に対し6％以上という数値を掲げたのである（FOURIN『国内自動車調査月報』111、2008年6月）。2008年春からの世界同時不況下では、この課題は実現されずに終わったが、利益率向上という基本線は変更していない。

6 地域産業と空洞化問題

はじめに

　かつて産業空洞化の危機が叫ばれた2000年代初頭、多くの研究者は、製造業企業の中国移転の中で日本の地域が産業空洞化の危機に直面したと認識した。特にそれが顕著に見られたのが電機産業で地域経済が支えられていた東北の山形、宮城、福島、北陸の福井、中部の長野、山陰の鳥取、島根、九州の福岡、佐賀、長崎といった各県だった。そうした中で、自動車産業を有していた関東、東海、近畿、中国、北部九州の各県は、空洞化現象が発現しにくい地域だった。このことから自動車産業は、産業空洞化とは無縁な産業だと考えられていた。

　その理由は明白である。自動車産業は、国内需要と海外需要に支えられて内需、輸出ともに好調であったために生産、雇用も順調に推移し、地域産業の活性化に大いに貢献したからである。したがって、2000年代以降日本の各地方自治体は、競って自動車産業やそれと関連した自動車部品産業の誘致を推し進めた。その典型的事例が、北部九州および東北地区の自治体だった。前述したようにこれらの地域では、自治体が主体となって、自動車及び同関連部門の誘致に努め、トヨタやホンダに代表される日本の自動車メーカーおよびそれと関連する部品企業の誘致に成功したからである。

（1）自動車産業と地方産業空洞化

　では、産業空洞化とは何なのか、なぜ電機産業は空洞化産業となり、自動車産業はならなかったのか、という点を検討しておこう。

　まず空洞化の概念を規定しておくなら、当該国で国際競争力を失って輸入激増、輸出激減の打撃を受けた産業や企業が消滅するか、もしくは海外移転を迫られ国内工場を放棄せざるを得なくなるだけでなく、それに代わる新産業の創出と産業高度化を生み出さないままに、産業構造に空白が生ずる現象である。したがって、たとえ国際競争力を失った産業が海外移転しても、それをもって即、産

業空洞化が生じたとは言えない。それを補って余りある新産業が生み出され、雇用が吸収されるなら、それは高付加価値化（Necessitates High Added Value）・脱工業化（Deindustrialization）であり、産業の高度化であっても空洞化でない。

　日本産業、とりわけ製造業で空洞化が叫ばれたのは、何も今回が初めてではなく、何度か発生している。最初は1970年代前半で、2回目が1980年代後半であった。いずれも円高を契機に国際競争力を失った日本製造業が、これを回避するために海外シフトを積極化させた時期である。しかし90年代後半になると3回目の産業空洞化の危機が日本を襲うこととなる。日本製造業がその生産基地を海外、とりわけ中国に移した結果、急速な空洞化が招来されてしまったのである。しかも中国に移転した製造業の穴を補填する新産業が生まれぬまま、空洞化が加速度化された。

(2) 電機産業と自動車産業

　1990年代後半まで、日本製造業を支えていたのは電機産業と自動車産業だった。しかし90年代後半から2000年代前半にかけて両産業ともに急速な海外展開、とりわけ中国への投資を積極化させ、生産拠点の中国シフトを促進した。その結果地方の生産拠点を閉鎖して海外シフトを積極化させたため地方を中心に空洞化が顕著となった。しかしその後の展開は両産業では異なっていた。電機産業は、中国を中心に進出した地域で地場企業や韓国系企業との競争に打ち勝つことができず、輸出減少により海外シェアを失うとともに、国内では新アイデア商品を生み出すことに成功しないまま、空洞化が深刻化する産業へと姿を変えていった。ところが自動車産業は、そうではなかった。中国市場をはじめとする世界市場でシェアを拡大しただけでなく、急速に高まった日本車需要に応ずるために現地生産のみならず輸出を増加させる必要によって日本国内での生産を増強させる衝動が生じた。小型車中心で燃費性能の良い日本車への需要は、原油価格の高騰や地球環境問題への厳しい対応の必要性が拡大すればするほど高まっていった。日本で新たに増産する余地を持っていたのは北部九州地区であり、東北地区だった。名古屋や東海地区は、すでに人的パワーの面で飽和状態だったのである。したがって、トヨタをはじめとする日本自動車企業は、海外展開だけでなく国内で

もその生産規模を拡大したのである。この結果自動車産業は産業空洞化を防ぐ旗手として地方自治体から熱い視線を浴びた。しかもトヨタやホンダ、三菱などが一斉に HV 車、PHV 車、EV 車といった新アイデア商品を打ち出し、その生産・販売に乗り出す中で従来のガソリン車とは異なる境地を切り開くことに成功したのである。

(3) 今後の自動車産業と空洞化

　したがって自動車産業とて未来永劫、空洞化防止産業の位置にいられるわけではない。国際競争力を失い、新製品を生み出すことに失敗すれば、電機産業と同じ道を歩むことになることは言うまでもない。まず国際競争力であるが、GM を筆頭とする「ビッグ3」が 2008 年暮れからのサブプライム問題に端を発する世界同時不況の影響を受けて急速に順位を落とす中でトヨタに代表される日本企業が力を強めたことは事実である。しかし 2009 年秋から始まるトヨタ自動車の欠陥車問題やリコール問題が、トヨタの新製品の「プリウス」などの HV 車の販売台数を急速に落とす結果となったことが、日本の「物づくり神話」の崩壊を生むなかで、国際競争力を落とし始めていることがある。いまひとつは、欧米の先進国市場での競争力低下だけでなく、日本企業は中国やインドなどの新興国自動車市場で、必ずしも高いマーケットシェアを保持できているわけではないということである。その理由は、後述するようにアジア地域のなかで新たな廉価車生産技術が生み出され始めているからである。問題は、先進国市場での HV 車、EV 車で「日本の物づくり高品質」伝説の復活が見られるか、中国などの新興諸国でマーケットシェアを拡大できるか否かであろう。もし、上記の２つの条件が解決できたとすれば、日本の自動車産業は引き続き産業空洞化を防止する地域産業としての位置を占めることができるし、解決に失敗すればかつての電機産業と同じ道を自動車・部品産業は歩むこととなろう。

　では次に第 2 章で、アジアで生まれてきている新しいアジア型生産方式の実態に迫ることとしよう。

第2章 飛躍するアジア自動車・同部品産業と地域振興

1 競争力を増す韓国自動車産業と地域振興

(1) 好調を持続する韓国自動車産業

　韓国自動車産業は、アジア通貨危機により1998年の国内生産台数が195万台と前年比で30.6％も激減したが、その後はウォン安を利用した輸出の振興で急速

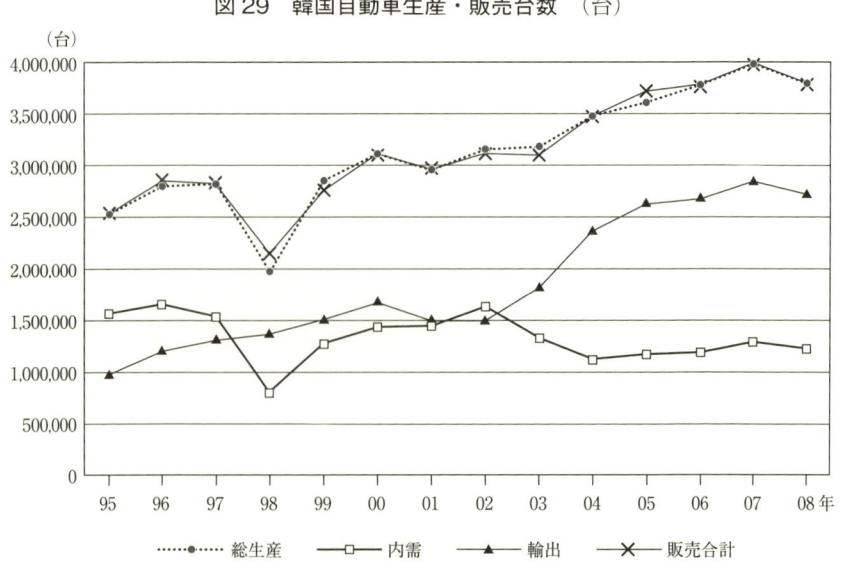

図29　韓国自動車生産・販売台数　（台）

出典：韓国自動車工業協同組合（KAICA）『2009自動車産業』2009年。

に回復し、02年以降内需の減少とは対照的に輸出を伸ばしながら07年には総生産台数は409万台に達した（図29参照）。2008年暮れからの経済危機で輸出は一時減少したものの韓国自動車産業を代表する現代・起亜グループは、2009年以降北米で「1人勝ち」し、中国やインドで生産を伸ばし、09年7～9月期の純利益は9791億ウオン（約750億円）で、前年同期の3.7倍へと膨張した（『日本経済新聞』2009年10月23日）。2010年初頭から、北米・欧州・中国市場でリコール問題に苦しみ販売台数を大幅に減らしたトヨタとは対照的に、現代・起亜グループは確実にその市場を拡大している。歴史的にみると韓国の自動車産業は90年代から2007年までは97～98年のアジア通貨危機の時期を除き順調に成長し02年以降は、輸出を原動力に300万台生産体制に入り400万台体制に向かっているといっても過言ではない。たしかに07年段階でのその生産台数を見れば、現代が167万台、起亜101万台、GM大宇56万台、双龍13万台、ルノー三星9万台で合計346万台となっているのである（KAICA『2009自動車産業』）。

　2007年の統計によれば、韓国自動車産業は製造業全体の従業員の9.6%に該当する27万人余を占め、全生産額の11.9%に当たる118兆ウオン強を産出している。同様の数値をチェックしてみると、付加価値の11.2%に該当する38兆ウオン強、税収の15.5%に該当する31兆ウオン、輸出額の13.2%に該当する490億ドルは自動車産業が生み出しているのである。国民経済において、もっとも注目されるのは、貿易収支である。韓国産業全体が、貿易収支では133億ドルの赤字を記録している中で、唯一といってよいほど自動車産業は414億ドルの黒字を記録しているのである(Ko MoonSu・KAICA理事、2009年2月12日インタビュー時のプレゼンテーション資料)。自動車産業は韓国では、電機電子産業と並ぶ2大外貨獲得産業なのである。

(2) 2008年後半以降の韓国自動車産業

　2008年暮れから各国自動車産業が未曾有の不況に見舞われているが、それを上手に乗り切っているかに見える韓国自動車産業にも暗い影が見え始めている。それを象徴的に示すのが、2007年上海汽車が買収した双龍自動車の破綻とその後始末である。2009年1月9日に双龍自動車は「法定管理」（日本でいう「会社

更生法」）を申請し、2月6日に法定管理開始が決定された。4月に会社側が全従業員の4割解雇を決定、これに反発した労組は5月22日に本社工場を占拠して無期限ストライキに突入した。7月裁判所が強制執行を決定、流血の対立のなかで営業再開が強行された。結局、韓国政府の管理下で再出発を余儀なくされたわけだが、この会社の動きが現在の韓国の自動車産業の現況の一端を指し示している。

　このように2007年と比較したとき、08年の生産実績は前年同期比で6.4％減の382万7000台であり、年初生産計画420万台の91％達成であった。同じく内需をみれば、5.3％減の115万4000台、輸出は5.7％減の268万5000台であった。たしかに目標には到達せず、生産減を強いられたが、他の国々と比較すると、その打撃はさほど激しくはない。

　しかし前述した双龍自動車の事例で示したように、会社別に見るとその動向は、さまざまである。現代自動車のように07年と08年の生産実績を比較して、わずかに1.9％減にとどまった企業もあれば、逆に33.7％減を記録した前述の双龍自動車のような企業もある。現代と双龍を両極端にして、この間に大宇バス（22.6％減）、GM大宇（13.8％減）、起亜、ルノー三星（いずれも5.7％減）、タタ大宇（4.5％減）が並んでいる（前掲 Ko MoonSu・KAICA 理事、インタビュー時のプレゼンテーション資料）。いわば、「勝ち組」と「負け組」の格差が激しいのである。しかし、この国の自動車産業の市場シェア7割を占める現代と起亜が相対的に良好な業績を示している限りは、この国の自動車産業が大きく崩れることはない。この「勝ち組」は韓国の自動車産業を引っ張る形で、日本、アメリカ、中国、ドイツに次ぐ世界第5位の自動車生産大国の実績を維持しているのである。

　さて、生産を減少させたとはいえ、韓国自動車産業の雄、現代・起亜は、好調である。09年1月デトロイトで開催されたモーターショウで現代自動車の「ジェネシス」が今年度のアメリカ車第1位に選出されたし、ここに搭載された「TAUエンジン」は高く評価された。「勝ち組」に現代・起亜自動車が入っていることが、韓国自動車産業の強みを象徴的に示しているといえよう。

表17　韓国完成車メーカーの分布現況（2008年）

メーカー名	工場所在地	生産能力（万台）	備考
現代	蔚山広域市	162	蔚山産業団地
	忠南牙山市	30	
	全北完州郡	12.5	全州3産業団地
起亜	京畿道華城市	55	
	光州広域市	35	
	所下里	35	
	瑞山	19	
GM大宇	全北群山市	26	群山工業団地
	慶南昌原市	21	昌原産業団地
	富平	44	
双龍	京畿道平沢市	22	
ルノーサムソン	釜山広域市	30	シンホ産業団地
合計		491.5	

出典：前掲『2009自動車産業』。

(3) 韓国自動車産業の産業集積

韓国自動車産業の産業集積状況を概観しておこう。表17に見るように、大きく見れば、蔚山を中心とした現代自動車（161万台）と隣接する釜山を中心としたルノーサムソン（30万台）、昌原のGM大宇（21万台）を合わせた韓国南東部の生産地帯と京畿道、華城、所下里、瑞山の起亜（96万台）、平沢の双龍（22万台）、牙山の現代（30万台）が操業するソウル京畿道地区、そして群山のGM大宇（26万台）、全州の現代（12.5万台）を擁する西南生産地区とに分けることができる。以下、各企業の概況を見ておくこととしよう。

現代・起亜

現代自動車の創立は1967年なので、のちに買収することとなる起亜よりははるかに新しい企業である。創立後の74年には三菱自動車の技術支援を受け76年に「ポニー」を生産、韓国を代表する企業に成長した。89年には一時北米で現地生産を試みたが成功せず撤退した。1990年代には国内生産、輸出ともに急伸し、韓国国内市場の50％を押さえるトップ企業となった（丸山恵也編『アジアの自動車

産業』亜紀書房、1994年、95頁以下)。そして、2000年にはアジア通貨危機で経営難に陥った起亜を買収し、起亜の技術と生産拠点そして市場を獲得することで急速に力をつけて両社で韓国の自動車市場の70%を独占した。主力工場を蔚山に擁し、牙山と全州にも工場を有している（前掲『2009自動車産業』）。

買収された起亜の創業は1944年の京城自動車にまでさかのぼる。60年には2輪車生産を、62年には3輪車生産を、そして71年には東洋工業（現マツダ）と技術提携して4輪トラックと乗用車の生産を開始している。76年には亜細亜自動車を買収して総合自動車メーカーとなった（前掲『アジアの自動車産業』95頁以下）。しかし97年のアジア通貨危機以降経営が悪化、現代自動車の傘下に組み込まれた。

現代自動車の主力蔚山工場は、総面積50万坪に5つの工場を有し、3万4000人の従業員を擁して年間160万台を生産している。この生産規模は、単一工場では、トヨタ、日産より大きく世界最大である。敷地内の5つの工場は1975年から91年までの間に建設されたが、これらの工場から1日に5600台の乗用車が生産され、70%は輸出向け、残りの30%は内需向けに出荷されている。

また敷地内にエンジン工場7ヵ所、変速機工場2ヵ所を有し、輸出用の専用埠頭をもっている。工場内の作業は原則2交代8時間制で繁忙期には、2時間前後の残業が生ずる。現代自動車の生産の特徴は、モジュール生産にあるが、この点に関しては後述することとしよう。

GM大宇・ルノーサムソン

韓国で現代・起亜に次ぐのが、GM大宇とルノーサムソンである。GM大宇の前身の大宇のスタートは62年に設立されたセナラ自動車にある。その後62年には新進自動車、72年にはGMコリア、76年にはセハン自動車と目まぐるしく社名を変更したが、83年に大宇自動車となって以降は経営的にも安定し、GMとの合弁を解消し、ホンダとの連携を強めながら独自路線を歩むこととなる（前掲『アジアの自動車産業』116頁以下参照）。他方ルノーサムソンの前身のサムソン自動車の設立は1995年のことで、サムソン財閥の経営多角化の一環として設立された。しかし97年の通貨危機が、先の現代・起亜同様にこの2つの自動車企業を再編の嵐のなかに落とし込むことになる。この危機のなかで大宇は、経営危機に

陥った双龍を買収するものの無理な海外展開がネックとなって自ら破綻を迎え、2002年には乗用車部門はGMに買収され、社名もGM大宇と変わり、トラック部門はインドのタタに買収された。サムソン自動車も大宇の電子部門をサムソンが引き取る代わりに大宇に譲渡されるはずであったが、大宇が破綻したために2000年7月にはルノーに買収され、社名もルノーサムソンに変更された。両企業ともアジア通貨危機以降は経営を立て直し、GM大宇は、GMのアジア戦略の要の位置を背負って小型車生産の基地と位置づけられ、小型車「マティス」が主力車となったし、ルノーサムソンの場合には、日産の技術的援助があったことも手伝って、「SM3」シリーズが好評で、輸出好調も伴って経営の回復が見られた。

韓国企業の海外展開

現代・起亜に代表される韓国自動車産業は、為替相場に左右されない生産体制作りを目標に生産の海外移転を積極的に押しすすめた。そして現代は1997年のトルコ進出を契機に、翌98年にはインドに、2002年には中国に進出し、海外進出を本格化させた。そして05年には米国アラバマ州に、07年には東欧のスロバキアとチェコに工場を建設したのである。2010年現在の現代・起亜の海外拠点は表18の通りである。

現代・起亜の海外拠点数は、中国4、アメリカ2、インド、チェコ、スロバキア、トルコ各1で合計10を数える。現代・起亜ともに年間目標生産台数を30万台とやや多めに設定しているが、それは、その拠点からの海外輸出を展望しているからであり、かつ現代・起亜の技術力を考えるとこの規模の生産台数が最適規模だからである。

好調な韓国部品産業

次に韓国部品産業の現状をみてみることとしよう。まず韓国自動車部品産業の現況を紹介しておこう。韓国の自動車部品企業数は家族経営の零細企業

表18 現代自動車グループの主な生産拠点

工場所在国	工場数			年間生産台数
韓国	6	現代	3	310万台以上
		起亜	3	
中国	4	現代	3	130万台以上
		起亜	1	
アメリカ	2	現代	1	60万台
		起亜	1	
インド	1	現代		60万台
チェコ	1	現代		30万台
スロバキア	1	起亜		30万台
トルコ	1	現代		10万台

出所:「日本経済新聞」2009年11月28日。

表19　韓国従業員規模別企業数増減（単位：社、％）

年	区分	50人未満	50-99人	100-299人	300-1000人	1001人以上	合計
2003年	業者数	275	180	271	＊83	39	30	878
2003年	比率(％)	小企業 31.30％	中企業 60.80％		大企業 7.90％		(100.0)
2008年	業者数	241	183	306	45	90	27	892
2008年	比率(％)	小企業 27.02％	中企業 59.87％		大企業 13.11％		(100.0)

注：表の2003年の83の業者は資本金が80億ウォン以下の業者として中小企業に分類される。
　　2008年の90の企業は双試算額が80億ウォンを超過したので大企業に分類した。
出所：韓国自動車工業協同組合（KAICA）HPより。

も含めればおおよそ9000社程度にのぼる。そのうちTier1企業が900社前後である。そこに部品を納めるTier2企業が約3000社。そしてその下部にあって部品生産を底辺で支える企業が約5000社程度だといわれる。Tier2、Tier3企業の実態は不明な点が多いので、ここでは韓国自動車工業協同組合（KAICA）のメンバーをTier1企業とみなして、そこに焦点を当ててみることとしよう（表19参照）。2008年時点のTier 1企業総数は892社だが、そのうち大企業は117社で全体の13.1％に過ぎず、残りの775社、全体の86.9％は中小企業である。日本同様、韓国の自動車部品企業も主に中小企業をもって構成されているが、日本との相違は、これらの中小企業は設計開発能力に乏しく、彼らの多くは与えられた図面通りに製品を作る「貸与図」方式で生産しているということである（FOURIN『アジア自動車調査月報』25、2009年1月）。

　また地域的にみると（表20参照）、ソウル、京畿道地域を含むソウル、仁川、京畿が合計で303社、34.0％を占め、韓国南東部の釜山、蔚山、慶南3地区の部品企業が258社、29.0％で、両地域を合計すると561社、63.1％と半数以上を占

表20　韓国地域別自動車部品企業立地（2008年末）

区分	ソウル	釜山	大邱	仁川	光州	大田	蔚山	江原	京畿	慶南	慶北	全南	全北	忠南	忠北	合計
企業数	35	83	51	64	25	9	38	5	204	137	62	9	62	78	27	889
比率	3.9	9.3	5.7	7.2	3.4	1.0	4.3	0.6	22.9	15.4	7.0	1.0	7.0	8.8	3.0	100.0

出所：同上。

表21 納品先別部品企業数（2008年末）

完成車メーカー	現代	起亜	GM大宇	双龍	ルノーサムソン	大宇バス	タタ大宇	合計
部品企業数	355	359	318	222	142	187	204	1787

出所：同上。

めるのである。現代・起亜の生産拠点と重なる地域に部品企業は集積していることが判る。

　彼らの主たる納入先（複数企業に納入しているものも含む）を見ると（表21参照）、現代が355社、起亜が359社、GM大宇が318社、双龍が222社、ルノーサムソンが142社、大宇バスが187社、タタ大宇が204社となっている。2007年までは、現代と起亜は、自社に部品納入している企業に対しルノーサムソンへの部品納入を厳しく規制してきたが、08年以降それは大幅に緩和された。よってその分、複数納入社数が増加してきている。

　2007年現在で部品企業がOEMでカーメーカーに納入している額のうち、最大は現代で38兆5400億ウオン、以下、起亜の16兆ウオン、GM大宇の12兆5000億ウオンと続いている。部品貿易は、08年段階で輸出が139億5000万ドル、輸入は43億4800万ドルで、96億ドルの黒字を計上している（前掲Ko MoonSu・KAICA理事インタビュープレゼンテーション資料）。徐々にではあるが、日本からの基幹部品の輸入を減らし始めてきているというのが現状である。2009年の世界同時不況で、この減少傾向はいっそう強まることが確実である。

　部品企業の海外進出は、2008年後半からのウオン安もあって一時の激しさはないが、それでも現代・起亜など韓国企業の海外展開に伴って随伴進出していく件数が増加しており、08年現在で、中国（163社）、インド（36社）、アメリカ（38社）、スロバキア（13社）、ロシア（9社）という順序となっている。ウオン安に伴う外国投資の件数は、このところ増加してきている。外資系部品企業で対韓投資企業数が一番多いのは日本で106社、以下アメリカの63社、ドイツの41社、イギリスの11社、フランスの10社、カナダの7社と続いているが、投資額で見るとアメリカが最大で10億ドル、次いで日本の6.5億ドルと続いている（同上）。

　2009年以降の不況の影響は、韓国自動車部品産業にも影響を与え、一時操業日数が1ヵ月に15日に過ぎないというケースも見られた。しかし、韓国政府の

支援と現代・起亜の好調に支えられ、韓国自動車部品産業はさほどの打撃を受けることなく09年後半には回復局面を迎えている。その意味では、韓国自動車・部品企業は、日本とやや異なる状況に置かれているといってもよかろう。

（4）新しい産業体系の模索──現代MOBISの位置と役割

かつて現代自動車は、品質的に問題があるといわれてきた。しかし、前述したように現代自動車の「ジェネシス」が2009年度のアメリカ車第1位に選出されたことに象徴されるように急速に品質が向上している。その理由としてはいくつか考えられる。

一般によく指摘されるのが、現代自動車の鄭夢九会長が品質管理を重視し、検査要員を増員して厳密なチェック体制をしいた結果だという見解である。これは、確かに正しい指摘だが、この点だけを重視すると現代自動車が進めている生産管理システムの新しい動きを見過ごすこととなる。現代・起亜両自動車企業の品質向上に大いなる役割を演じているのは、現代・起亜両企業が合併した前後に現代精工を改組することで誕生した現代MOBISの存在なのである。現代MOBISの誕生は2000年11月のことであった。現代と起亜に恒常的に部品を安定供給できるTier1企業を育てることが急務だったのである。当時韓国にはトヨタ系のデンソー、アイシン精機、日産のカルソニックカンセイに該当する基幹部品メーカーが存在してはいなかった。こうした企業を早急に育てるという目的で現代MOBISが発足した。その際現代MOBISはモジュール化を積極的に推進した。

2000年代初頭といえば、日本ではカルソニックカンセイがモジュール化に着手した時期に該当する。モジュール化の成功の秘訣は、できる限り社内でモジュール部品を内製化することで利益を増加させることである。そうでないと、販売額は上昇しても部品代金支払いに追われて忙しい割には利益が出せないからである。カルソニックとカンセイが合併したのもそうした部品の内製化のためだった。現代MOBISは、発足以来短期間でこの合併劇を急速に展開したのである。2001年にはカスコを、02年にはファシンと万都の一部、ボッシュの天安工場を、03年にはイファモジュールを、04年にはアポロ産業を、次々と買収した。

韓国では現代MOBISを除けば有力な部品産業がない分、その合併はスムーズかつスピーディーに実施された。同じことを日本でやろうとしたら予想以上の強い抵抗にあったであろうことは間違いない。まして長い伝統と強力な技術力を持つ中小部品企業がひしめく欧州では、まず不可能なことであったろう。
　こうして韓国では世界自動車部品産業史上にかつてない強力なモジュールTier1企業が誕生したのである。韓国の中小企業は例外なく、この現代MOBISのTier2企業へと組み込まれていった。モジュール化過程が、同時にまた韓国自動車部品産業の再編過程だったのである。カルソニックカンセイでも同じ現象が見られたが、韓国ほど大規模なものではなかった。たしかに現代MOBISも発足当初は単に部品を寄せ集めて大くくりするだけだった。むしろ事業の重点はアフターマーケットへの部品の一元的供給におかれていた。しかし次第に機能統合や設計改善から開発設計の面にも力を伸ばし始めている。今や現代MOBISは、韓国最大のTier1企業として韓国のTier2企業を統合するメーカーへと変身し始めているのである。自国のTier2企業をこれだけ広範囲に強力に統括できるTier1企業は現代MOBISを除いて他には存在しない。現代自動車が行くところには、必ず現代MOBISが随伴して行動する。しかもTier2企業をも随伴しつつ行動するのである。現代の品質管理においては、Tier2企業まで集中管理する総合的Tier1企業である現代MOBISと本体である現代自動車の二重のチェックを受ける結果となる。ここにこそ、現代自動車の品質管理の徹底性があるのである。

2　飛躍する中国自動車市場と地域振興

(1) 飛躍する中国自動車生産

　欧米自動車市場の低調さとは対照的に2009年初頭の一時的停滞を経た中国は内需を軸に急速にその市場を拡大させた。2009年の自動車販売台数は1300万台を超え、米国を抜いて世界第1位が確定した。しかも2010年は、このペースで進めば1500万台を突破するのではないか、と予想されており、急速な販売台数の拡大は、引き続き継続するものと予想されている。2009年後半における、中国のメーカー別乗用車販売シェアの上位10位をあげれば（表22）、1位、2位が上海、一汽VWで両社合わせて13.8％、第3位が上海GMで6.5％、以下北京現代、重慶長安汽車、東風日産、奇瑞汽車、一汽トヨタ、BYD、広汽ホンダの順番となっている。

　1990年代まではVWが中国で圧倒的シェアを誇り、30％前後の比率を占めていた。しかし、その後世界各国の有力メーカーが中国に進出するなかで、熾烈な市場獲得競争を展開した。中国は、2008年後半からサブプライム・ローン問題を契機に不況期にあるアメリカを尻目に世界第1位の自動車販売大国へと成長したが、この将来有望な市場に向けての各社のシェア獲得競争は一層激しさを増している。

　中国進出歴が20年以上になるVWが、シェアを下げつつも首位を占めるのは理解できるしても、ここで注目されるのは、韓国の現代、中国民族系企業の奇瑞、BYDなどの躍進とトヨタに代表される日本勢の不振である。現代自動車の競争力の秘密は前述した通りだが、その北京現代は、前年同期比88.0％増をもって、

表22　中国のメーカー別乗用車販売シェア（単位：％）

順位	メーカー	シェア	前年同期比増加率
1	上海VW	7.1	38.2
2	一汽VW	6.7	26.8
3	上海GM	6.5	41.3
4	北京現代	5.7	88.0
5	重慶長安汽車	5.4	78.2
6	東風日産	5.1	52.1
7	奇瑞汽車	4.7	22.4
8	一汽トヨタ	4.0	2.5
9	BYD	4.0	163.9
10	広汽ホンダ	3.6	13.6

出所：「日本経済新聞」2009年10月21日。

一挙に4位に躍り出た。このほか重慶長安汽車が5位で、奇瑞が7位に、BYDが9位にそれぞれ躍進したが、なかでも特筆すべきは、奇瑞、BYDであった。

奇瑞の社歴はまだ20年足らずと短いが、すでに輸出をてがけ、かつ独特の生産方式で、この市場のシェアを拡大してきた。独特というのは、奇瑞はトヨタなど世界の先行メーカーがデザインインで設計から生産をおこなっていく生産スタイルを採用せず、開発、設計、デザインをアウトソーシングし、カーメーカーは組み立てに徹するという思い切った価格低減方式を採用しているということである。奇瑞の売れ筋廉価の小型車「QQ」はまさにそうしたアイデアの産物である。「QQ」はフォードの「スパーク」の模倣だと称されたが、奇瑞側は単純な模倣ではなく改善を加えた別物だと主張している。こうしたアウトソーシングの結果だろうが、奇瑞の主力車種の価格帯は5〜10万元（約75万円から150万円）と大変廉価である。

他方もう一方の中国民営企業の雄はBYDであるが、表22によれば、BYDは前年同期比で実に163.9％という驚異的な伸び率を記録した。なおBYDのこの人気の秘密の詳細に関しては第3部で再度とりあげるので、ここでは省略する。

これら欧州、韓国、中国企業の元気さと対照的なのが日本のトヨタで、シェア4.0％は第8位、前年同期比は2.5％という低率の伸びにとどまった。これは日系企業中でも最低で、比較的好調だった東風日産の52.1％、広汽ホンダの13.6％と比較しても最低の伸びだった。日系の中で日産は比較的好調だったが、それは合弁相手の東風の販売網が新興市場の中国奥地に張りめぐらされており、この販売網を上手に活用できたことが大きかった。

「中国09年車種別10傑」を見ると、トップがBYDの「F3」で、2位は上海GMの「ビュイック・エクセル」、3位の現代の「エラントラ悦動」が占めた。いずれも1600cc以下で、これ以下の排気量の車の取得税は半額になるという政府の政策に乗って飛躍的に販売台数を増やした。これに対して、日本勢は、「カローラ」が9位（2008年5位）、広汽トヨタの「カムリ」が10位（08年6位）といずれも振るわず順位をさげた。日本車はいずれも1600cc以上の車で、政府の免税措置からは外れているという不利な点はあるが、中国市場に適した車づくりという点でも検討すべき課題を残したのである。

(2) 中国政府の政策

　こうした中国市場動向の変化を理解するには、中国政府の自動車産業育成政策の動向を見ておく必要がある。1980年代以降中国政府は、自国の産業の基軸に自動車産業をおいてその発展を支援してきた。80年代後半、政府は「三大（第一、上海、東風汽車）三小（北京、広州、天津汽車）二微（北方工業、航空工業）」の8社を育成する方針を掲げた。また80年代以降になると外資系企業が上記企業との合弁で次々と進出し中国の自動車産業を担い始めた。こうしたなかで「三大三小二微」政策は修正され、重点育成メーカーを絞り込む政策が展開された。中国政府が2001年から05年まで実施した「自動車産業第10次5ヵ年計画（2001～05）」では、自動車生産571万台、保有台数3160万台という実績をあげ、部品輸出比率5.2％を達成した。そして続く06年から2010年まで実施された「第11次5ヵ年計画（2005～10年）」では、自動車生産目標900万台、自動車保有台数5500万台、部品輸出比率10％達成を目標に掲げた。中国政府は、「第11次5ヵ年計画」では高度成長志向から循環型経済の発展と資源節約型・環境有効型社会の実現を、これまでの高度成志向型から持続可能型発展を志向し始めた。また「第11次5ヵ年計画」では自動車部品企業に対しても国際競争力をもつ部品企業集団を5から10社育成し、製品開発に参加できる、複数企業への納入可能なハイテク部品企業の育成や部品生産管理システムの整備、製品基準の導入などを急いでいる。周知のように2009年末の中国自動車生産台数は、10年の目標900万台をはるかに凌駕する1300万台に達し、計画が終了する2010年には1500万台に達するだろうといわれている（「日本経済新聞」2010年1月12日）。

(3) 激しい企業間競争とトップ4の形成

　政府の企業への要求が厳しい分、企業間競争も激しいものがある。一歩政府の政策を読み違えば、たちまち順位が変動するというのが、中国市場の特徴である。したがって中国市場での企業間競争とその浮沈は激しいものがある。この間の躍進を象徴する企業が上海汽車と長安汽車で、上海汽車が中国最大の自動車メー

カーに成長したのも、長安汽車が短期に三段跳びでいっきょに4位に上昇したのも、M&Aを駆使した結果にほかならない。

　まず、上海汽車だが、その前身、上海汽車工業総公司が上海汽車有限公司に改組され、今日の上海汽車工業（集団）が誕生したのが1995年のことであるし、長安汽車の前身の中国兵器工業総公司傘下の長安汽車有限責任公司が今日の重慶長安汽車となったのも1995年のことである。いずれも今から十数年前のことで、日米欧では長いもので1世紀、短いものでも半世紀近い社歴を有する企業がひしめくこの業界の中では、ごくごく短い歴史を有するに過ぎない。しかし、彼らは、社歴の短さに比して、短期間にその存在感を増してきた。その秘密は、前述したように彼らが繰り広げたM&A戦略にある。

　まず上海汽車だが、設立当初は地方企業の統合を進めてきたが、2000年代後半になると乗用車部門で自主ブランド育成に乗り出した。2002年はGMと提携して上汽GM五菱を設立して、山東煙台車身有限公司を買収、04年には江蘇儀征汽車製造廠、瀋陽金杯GMを買収、そして経営破綻した韓国の双龍を取り込み、07年には南京汽車を傘下に納め、さらに商業車部門を強化するためIvecoとの間の提携も進めた。06年の自主ブランド車「栄威」がRoverのプラットホームとエンジン技術をもとに作られ、「躍進」「紅岩」がIvecoとの提携から生まれたブランド車である所以である。こうして上海汽車は、相次ぐM&A攻勢で短期間に第一汽車の生産能力270万台（2008年）を凌駕する290万台を獲得し中国最大の自動車メーカーへと躍進していったのである。

　長安汽車も類似の道をたどっている。長安汽車は1993年にスズキと合弁で長安スズキを設立、98年には河北勝利客車を統合、2001年にはフォード、マツダと合弁で長安フォードマツダを重慶に設立し05年には江鈴汽車を統合している。そして09年11月には中国航空工業集団（中航集団）傘下の江西昌河汽車、哈飛汽車工業集団、東安汽車動力との合併を推進した。長安汽車と中航集団傘下3社との合併は、09年実施された自動車メーカー間の合併としては最大規模のもので、この結果長安汽車は生産台数86万台に34万台を上積みしていっきょに年産120万台規模の巨大メーカーとなったのである。

　この結果、中国の自動車業界のトップ4は、上から上海汽車、第一汽車、東風汽車、長安汽車の順になった。こうしたM&A戦略は、中国政府の自動車産業

政策に沿ったものであり、それ故にこの企業戦略は中国政府の強力なバックアップを受けて行われたのである。

(4) 中国自動車産業集積の形成

中国の自動車部品産業は、カーメーカーが存在する東北の長春、瀋陽を包む遼寧と吉林の両省、華北地域の天津、北京市、華東地域の上海市、江蘇省、浙江省、山東省地区、武漢市を包む湖北省、重慶市、四川省地区、広州市を持つ広東省地区に広がっている（表23）。

そのなかで日本部品企業は、トヨタが位置する天津市、トヨタ、ホンダ、日産が操業する広州市などに集中しており、韓国企業は北京現代が位置する北京市や近郊の天津市、そして起亜が稼働する塩城市に集中している。そのほか上海市は中国最大の部品集積地域だが、そこを拠点とするVWとGMのほかに多くの中国系、外資系企業がデポ（倉庫）を設置して電子系部品の供給地としている。

「第11次5ヵ年計画」によれば、中国政府がこの間に国際競争力をもつ部品企業集団を5から10社育成し、複数企業への製品納入が可能なハイテク部品集団を育成することを目標にしていることは前述した通りである。事実、中国においても世界部品サプライヤーを軸とした大手部品企業への生産集約が進行しており、それと関連して中国民族系部品メーカーの両極分解が進行している。こうしたなかで、外資系企業群からボッシュ（独）、デルファイ（米）、デンソー（日）などが、中国民族系部品メーカーのなかから万向集団、福耀集団、上海汽車、富奥汽車零部件がトップ企業としてクローズアップされてきている。いま中国において上位3社の生産比率の推移を1999年から2005年まで見れば表24の通りである。

この表から明らかなように、上位3社の生産比率は、1999年の58.9％から次第に増加し05年には73.2％にまで上昇している。これと関係して外資企業の生産比率も17.9％から31.5％へと上昇してきている。また中国で生産する自動車部品150品目を外資系・民族系で分けた場合、外資系がトップを占めるのはシリンダーブロック、ピストン、オイルフィルター、燃料ポンプ、ラジエターなどであり、逆に民族系企業がトップを占めるのは、バッテリー、ホイール、冷却ファン、シー

表 23　日系自動車部品企業の地域分布

	日系自動車部品企業	乗用車の一次サプライヤー		主要な自動車メーカー（注）
		日系	日系以外	
北京市	18	2	30	現代、ダイムラークライスラー、北汽福田
天津市	105	36	46	一汽夏利、トヨタ
河北省	11	2	21	長城
山西省	2	0	4	
内蒙古自治区	0	0	1	
遼寧省	46	5	20	華晨金杯、BMW
吉林省	15	5	53	一汽、VW
黒竜江省	1	0	6	哈飛
上海市	163	12	134	VW、GM、華普
江蘇省	150	23	73	フィアット、起亜、イベコ、フォード・マツダ
浙江省	46	7	56	吉利、日産ディーゼル
安徽省	9	1	19	奇瑞、江淮
福建省	17	5	6	東南
江西省	0	0	5	江鈴、昌河、スズキ
山東省	28	3	21	GM
河南省	6	1	13	日産
湖北省	10	3	70	東風、シトロエン、日産、ホンダ
湖南省	4	2	10	長豊
広東省	151	53	18	ホンダ、日産、トヨタ
広西自治区	0	0	2	GM、五菱
海南省	0	0	0	海南マツダ
重慶市	7	4	13	長安、スズキ、フォード、いすゞ
四川省	19	4	16	トヨタ
貴州省	2	2	14	
雲南省	0	0	1	
チベット自治区	0	0	0	
陝西省	1	1	4	
甘粛省	0	0	2	
青海省	0	0	0	
寧夏自治区	1	0	0	
新疆自治区	1	0	0	
合計	813	171	658	

注：外資系自動車メーカーは外資側の企業名のみ表示している。
出典：小林英夫・丸川知雄『地域振興における自動車・同部品産業の役割』社会評論社、2007年、213頁。

表24　中国自動車部品150品目の上位3社（％）

	1999年	2001年	2003年	2005年
上位3社生産比率	58.9	67.3	72.0	73.2
外資生産比率	17.9	24.8	30.2	31.5

出所：FOURIN『FOURIN中国自動車部品産業2007』をもとに日本自動車研究所の湊清之氏が作成。

ト関係部品であった。図30は1998年と2006年を比較した部品企業分布図だが、98年と比較し2006年では外資・民族系ともに大企業へ集約されてきていることがわかる。

図30　1998年と2006年を比較した部品企業分布図

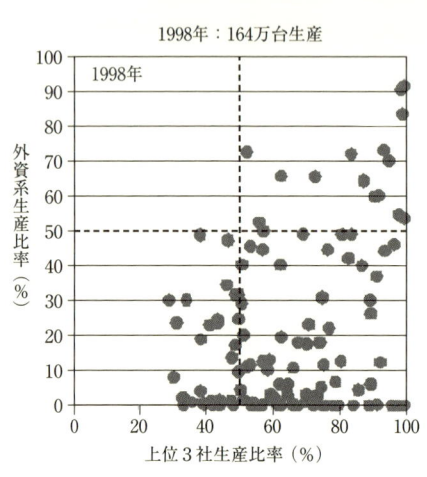

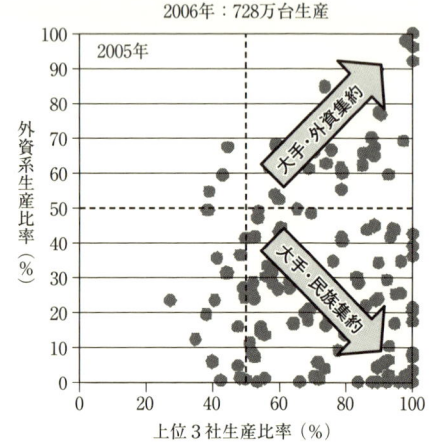

出所：同上。

(5) 中国自動車部品輸出入状況

2005年から07年までの中国の自動車部品輸出入状況をみれば（表25、26参照）、この間一貫して日本が輸入先の第1位を占めており、輸出ではアメリカが終始トップを占めていた。輸入品目を見れば、各国共に駆動系やエンジン系が増加しているのに対して、車体系はさほど上昇していない。これは、現地化を推し進める過程で、駆動系、エンジン系と比較して、車体系がより早く進行した結果である。また輸出を見ると懸架系、車体系、駆動系、電装系の全分野で軒並み増加を開始している。これは、中国を部品供給拠点と位置付け、その調達拠点として企業活

表25　中国、自動車部品輸入上位10ヵ国（2007年）

（単位：千台）

	国		2005年	2006年	（前年比）	2007年	（前年比）
1	日本		431	561	(30.0%)	651	(16.1%)
	1	駆動系	77	126	(62.9%)	193	(53.4%)
	2	車体系	155	185	(19.9%)	173	(▼6.7%)
2	ドイツ		180	280	(56.0%)	381	(35.8%)
	1	車体系	86	153	(77.7%)	173	(13.0%)
	2	駆動系	12	26	(114.0%)	76	(189.5%)
3	韓国		233	220	(▼5.5%)	197	(▼10.7%)
	1	車体系	109	104	(▼4.8%)	73	(▼30.1%)
	2	エンジン系	45	43	(▼4.3%)	47	(8.8%)
4	米国		70	90	(29.4%)	114	(27.0%)
	1	エンジン系	33	42	(28.4%)	52	(23.3%)
	2	駆動系	7	13	(75.7%)	23	(80.8%)
5	フランス		39	67	(70.9%)	63	(▼7.2%)
	1	駆動系	5	12	(140.3%)	20	(66.6%)
	2	車体系	18	27	(52.2%)	18	(▼33.0%)
6	ハンガリー		9	25	(182.5%)	54	(119.7%)
	1	エンジン系	5	19	(266.7%)	49	(153.4%)
	2	駆動系	3	3	(36.6%)	2	(▼32.6%)
7	英国		18	23	(27.7%)	32	(38.7%)
	1	エンジン系	12	13	(8.7%)	20	(50.7%)
	2	車体系	4	6	(48.6%)	6	(▼5.0%)
8	スペイン		6	20	(221.6%)	25	(26.6%)
	1	エンジン系	3	8	(174.9%)	11	(38.2%)
	2	車体系	1	5	(415.9%)	7	(25.5%)
9	台湾		32	30	(▼5.1%)	23	(▼22.7%)
	1	車体系	22	20	(▼8.3%)	14	(▼31.6%)
	2	電装系	3	3	(16.9%)	2	(▼20.3%)
10	カナダ		13	22	(67.8%)	22	(1.7%)
	1	駆動系	0.6	9	(1,295.5%)	9	(5.4%)
	2	車体系	7	6	(▼12.3%)	6	(▼10.2%)
	その他		77	121	(57.1%)	144	(18.4%)
	合計		1108	1460	(31.7%)	1705	(16.8%)

出典：FOURIN『中国自動車調査月報』144、2008年3月、25頁。

表26　中国、自動車部品輸出上位10か国（2007年）

（単位：千台）

	国	2005年	2006年	（前年比）	2007年	（前年比）
1	米国	516	702	(36.2%)	890	(26.7%)
	1　懸架系	252	350	(38.8%)	448	(27.8%)
	2　車体系	135	169	(25.2%)	184	(8.7%)
2	日本	213	301	(41.4%)	383	(27.2%)
	1　車体系	84	92	(9.8%)	105	(13.8%)
	2　電装系	43	72	(68.1%)	98	(36.0%)
3	韓国	66	113	(70.0%)	167	(47.5%)
	1　電装系	27	42	(54.1%)	59	(39.4%)
	2　車体系	16	28	(81.3%)	42	(47.5%)
4	ドイツ	49	68	(38.9%)	100	(45.4%)
	1　車体系	14	22	(54.1%)	31	(39.8%)
	2　懸架系	16	22	(35.8%)	31	(36.9%)
5	オランダ	33	80	(138.4%)	99	(24.0%)
	1　装備系	17	52	(208.8%)	62	(19.7%)
	2　懸架系	9	16	(86.3%)	21	(32.4%)
6	カナダ	71	80	(12.0%)	88	(10.2%)
	1　懸架系	15	21	(34.0%)	29	(41.5%)
	2　エンジン系	37	33	(▼9.2%)	26	(▼21.1%)
7	英国	35	49	(39.2%)	71	(45.3%)
	1　懸架系	16	24	(48.0%)	37	(54.8%)
	2　車体系	10	14	(36.1%)	20	(37.2%)
8	アラブ首長国連邦	37	47	(24.2%)	65	(40.4%)
	1　懸架系	21	28	(31.8%)	39	(40.0%)
	2　車体系	7	7	(10.0%)	9	(25.9%)
9	オーストラリア	28	42	(47.4%)	60	(44.0%)
	1　懸架系	15	20	(36.1%)	29	(43.4%)
	2　車体系	9	12	(37.9%)	15	(22.8%)
10	イタリア	25	36	(44.0%)	60	(64.8%)
	1　懸架系	8	12	(49.9%)	19	(61.2%)
	2　車体系	6	9	(53.5%)	14	(48.3%)
	その他	562	740	(31.5%)	1123	(51.8%)
	合計	1638	2258	(37.9%)	3106	(37.5%)

出典：同上。

動を展開してきていることと無関係ではない。たとえば、GM やフォードは、ガラスなどの車体系部品やバッテリーなどの電装部品、エンジン系部品の調達拠点として中国を位置付けており、ここでの生産ボリュウムを拡大していることが、中国からアメリカへの部品輸出拡大の最大の要因であると考えられる。また中国が日本から輸入する部品はピストン、電動軸、内燃機関、電気部品など、どちらかといえば高機能部品が上位を占めているのに対して、中国が日本に輸出する製品は、ワイヤハーネスなどの配線電気部品、ピストン部品、カーラジオ、照明機器などが上位を占めている。ピストン部品などにおける鋳鍛造部品、そして照明機器などは日系メーカーによる逆輸入製品が中心で、どちらかといえば労働集約部品が主体となっている。

(6) 急速な EV 車化の動き

近年の中国市場での特徴は、その急速な EV 車化の動きである。詳しくは第3部で述べる点だが、ここではその特徴ある動きを指摘しておこう。それは即ち、トップは外資と合弁した巨大企業から底辺は郷鎮企業レベルまで、広範な範囲で広がっている EV 車化の動きである。かつての電気自転車の普及と類似した「底辺からの電気化の動き」が、EV 車分野でも発生しているのである。特に都市近郊農村部や内陸で生じている動きは、農業車の電気化の動きであり、郷鎮レベルの EV 車を生産するベンチャー企業の勃興と拡大である。農業車の台数は、統計的に明確ではない。なぜならナンバープレートが必要でないこれらの車は統計には計上されないからである。しかし農業車を生産している時風集団や山東五征集団などのトップ集団は、積極的に EV 車生産へと参入しているのである。政府関係者の弁を借りれば、中国は近未来において「EV で世界の自動車市場の覇権をつかむこと」が必要であり「EV では（日米欧との）逆転が可能。中国は電池材料となるリチウムなどの資源も豊富」（「日本経済新聞」2009 年 11 月 27 日）であり、EV 化こそが中国の基本戦略だというのである。逆の言い方をすれば、日本自動車産業にとっては中国の EV 化こそが日本を脅かす存在へと成長する可能性を秘めているというわけである。

(7) 万向集団の電動化の動き

　中国自動車部品企業の電動化への取り組みは積極的である。たとえば、その分野でトップを占める万向集団でその動きをみてみよう。ごく簡単に万向集団の歴史をたどれば、この会社は、1969年に資本金4000元で7人の農民からなる郷鎮企業としてスタートした。70年代は農業用機械の生産を行ってきた。79年にユニバーサル・ジョイントの生産に踏み切り80年代はその生産に特化してきた。84年には米国イリノイ州に工場を建設して念願の対米進出を果たしている。90年代に入ると「部品の多角化」、「企業集団化」、「経営の国際化」を目指して自動車部品全般に経営を拡大してきた。そして1999年からはEV化に乗り出した。その際2つの課題、①EV化研究、②新エネルギー研究を設定し、伝統的な自動車部品企業からEV車分野へと参入した。新規事業参入にあたり、「自社よりも優位な企業とは連携し、同一企業とは競争し、自社より劣る企業は利用する」(2009年9月11日、万向集団本社でのインタビューに依る) という基本原則で多様な人材を取り入れて活動してきた。そして電池→電機→電気コントロール→EV車と段階を踏んで具体化を図ってきたのである。そして万向集団は、2008年万向電動汽車有限公司を立ち上げEVバスを杭州の2つの路線で運行させている。価格面でまだ問題が多いが、やがては量産化でより安くなることが期待されているというのである。

3　飛躍するインド自動車市場と地域振興

(1) 飛躍するインド自動車生産

　中国同様2009年以降自動車生産を増大させているのがインドである。2000年に約100万台だった生産台数は、2005年には150万台を突破し、2008年には過去最高の225万台を記録した。そして、欧米市場の縮小を尻目に2009年には前年レベルの220万台に達することが予想されている。金利低下や政府の景気刺激策がこうした好調を生む原因となっているが、何にも増して重要なのは、購買層としての都市新中間層の増加と彼らの購買意欲の旺盛さであろう。インド国立応用経済研究所の調査によれば、2002年から2009年の間に、世帯年間所得10万ルピー以下の低所得者層は5720万世帯から3000万世帯へと減少し（年間伸び率－8.8％、以下同様）、逆に10万から30万ルピーの下位中間層は7440万世帯から8500万世帯に（1.9％）、30万から50万ルピーの上位中間層は4640万世帯から9100万世帯へ（10.1％）、50万ルピー以上の富裕層は260万世帯から700万世帯へ（15.2％）と拡大すると予想された（榊原英資・吉越哲雄『インド巨大市場を読み解く』東洋経済新報社、2005年、141頁）。明らかに都市中間層が急増を開始しているのである。彼らの多くはIT産業や製造業に従事するワーカーやサラリーマンであり、農村から離れ都市に居住し、専門知識を有するにふさわしい一定の学歴者で、加えて核家族単位の新しいタイプの新興都市居住者でもあり、そして家電や車の購買者たちである。こうした条件を背景にインドは「世界の小型車生産基地」を目標にし始めている。業界第1位のマルチウドヨク、第2位の現代も輸出に力をいれ、1995年頃から増加し始めた自動車輸出は2007年には25万台に、08年には35.9万台に達し、09年には40万台（09年40万台は予想数値）まで増加し始めている。

　マルチウドヨク
　インドの自動車・同部品産業は、ニューデリー中心の北部地区とムンバイ中心の西部地区、チェンナイ、バンガロール中心の南部地区の3地区に集積している

図31 インド、自動車メーカー・日系部品メーカーの展開状況

▽西部地域（Maharashtra州/Gujarat州）
● 主な自動車メーカー：Tata Motors、Mahindra & Mahindra、Bjaj Auto、Fiat、GM、VW/Skoda
● 主な日系部品メーカー：イーグル工業、エフ・シー・シー、関西ペイント、ケーヒン、GSユアサ、スタンレー電気、住友電装、ティラド、デンソー、東海理化、三菱マテリアル、矢崎総業、ユタカ技研ほか

▽南部地域（Tamil Nadu州/Karnataka州など）
● 主な自動車メーカー：現代自、Ford、トヨタ、Renault/日産
● 主な日系部品メーカー：アイシン精機、旭硝子、荒井製作所、五十嵐電機製作所、市光工業、関西ペイント、小糸製作所、国産電機、三桜工業、ジェイテクト、シロキ工業、住友電装、ソミック石川、大同メタル工業、タカタ、タチエス、帝国ピストンリング、ティラド、デンソー、東海理化、豊田自動織機、トヨタ紡織、豊田合成、豊田鉄工、ニチアス、日清紡、日本サーモスタット、日本精工、日本ピストンリング、ブリヂストン、ミツバ、矢崎総業、ユニプレスほか

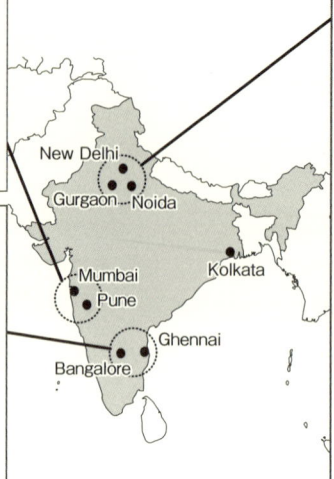

▽北部地域（New Delhi/Haryana州/Uttar Pradesh州/Rajasthan州/Uttarakhand州など）
● 主な自動車メーカー：スズキ（二輪車/四輪車）、ホンダ（二輪車/四輪車）、Tata Motors
● 主な日系部品メーカー：アーレスティ、旭硝子、市光工業、伊藤忠丸紅鉄鋼、エイチワン、NTN、エフ・シー・シー、カルソニックカンセイ、関西ペイント、菊池プレス工業／高尾金属工業、キリウ、ケーヒン、小糸製作所、三桜工業、三惠技研工業、サンデン、ジェイテクト、ショーワ、シロキ工業、スタンレー電気、住友金属工業、住友電装、ソミック石川、タカタ、テイ・エステック、帝国ピストンリング、デンソー、東海ゴム工業、東海理化、豊田合成、西川ゴム工業、日信工業、日本精工、日本特殊陶業、日本発条、日本ブレーキ工業、日本リークレス工業、ハイレックス、バンドー化学、日立金属、フタバ産業、ブリヂストン、古河電工、ベルソニカ、ミクニ、ミツバ、三菱マテリアル、武蔵精密工業、森六、八千代工業、ユーシン、ユタカ技研、リケンほか

出典：FOURIN『インド自動車・部品産業 2010』、30頁。

図32 インドの乗用車市場シェア
（2009年4〜12月）

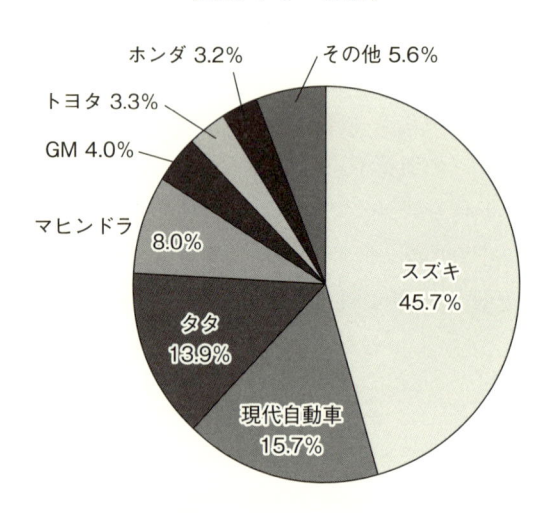

- ホンダ 3.2%
- その他 5.6%
- トヨタ 3.3%
- GM 4.0%
- マヒンドラ 8.0%
- タタ 13.9%
- 現代自動車 15.7%
- スズキ 45.7%

出典：「日経産業新聞」2010年2月1日。

（図31）。ほぼこれと隣接するかたちで、部品企業の産業集積がみられるのである。2009年4月から12月までのインド乗用車市場のメーカー別シェアを見れば図32の通りである。インド市場でシェアの45.7%を占めているのがスズキ系のマルチウドヨクだが、GM、トヨタ、ホンダ、日産、現代、フォードなど世界大手自動車メーカーが次々と参入するなかで09年以降韓国の現代自動車が急速に追い上げて、そのシェアは、15%

を越え、タタを抜いて第2位に上昇した。以下第3位をタタが占め、GM、フォード、トヨタ、日産などがその後を急追している状況である。2009年以降注目されるのが韓国の現代自動車の躍進である。

タタの「ナノ」の出現

　2008年初頭、インドを代表するタタ自動車は、超廉価車「ナノ」を発表して世界の注目を集めた。理由は、その価格が10万ルピー、約28万円という超低価格だったからである。インド市場の半分のシェアを持ち、もっとも人気が高い小型乗用車スズキの「アルト」の価格が25万ルピー、70万円であるから、その3分の1に近い廉価ということになる。しかも仕様はほぼ「アルト」同様4人乗り、時速105キロである。もっとも、パワーウインドー、パワーステアリング、エアバックなし、運転席のみドアーミラーがついているだけだから走行性や安全性に問題がないわけではないし、エアコン、ラジオがオプションだから、「ナノ」の価格は、あくまでもベーシック・カーの価格で、オプション次第で上積みされるのである。

　発売予定は2008年10月だったが、タタが進出した西ベンガル州シングールで農民の土地買収交渉がこじれて、地元農民とのトラブルが激化し、工場建設も中断し、販売は09年夏までずれこんだ。操業を当て込んで現地入りをしている部品メーカーにもこの建設工事の中断は、大いなる誤算となった。自動車は、約2万から3万点の部品から構成されており、部品メーカーの協力なくしては、1台たりとも製品は完成しないからである。小型車とはいえ「ナノ」もその例外ではない。しかも「ナノ」には、日系部品メーカーが関与している。たとえばステアリングは日本精工が、ワイパーはデンソーが、ランプはスタンレー電気が、ラジエターはティラドが、組電線は矢崎総業が供給しており、隣接するサプライパークへの進出を果たし操業準備を本格化させていたのである。しかし前述したトラブルで、タタは、シングールを断念してグジャーランド州サーナンドに工場を新設して生産するよう計画を変更した。

　2009年現在では、ウタラハンド州パンナガールの既設工場で生産を行っている。やっと09年4月には、世界が注目するタタ・モータースの超廉価車、11万ルピー（約22万円）の「ナノ」が、トラブルを克服して発売されると発表され

た（FOURIN『アジア自動車調査月報』28、2009年4月）。試乗した者の率直な感想は、「室内は広く、加速もまずまず」で、「振動や走行音は日本の軽自動車より少し多いくらい。買い物用としてなら十分使える」という。もっとも「安全基準などを満たさず、日本の車検を通らないのではないか」ともコメントしていた（『日経産業新聞』2009年12月4日）。

　タタ社は、当面30万台生産を見込んでおり、さらには輸出を含めてゆくゆくは100万台生産を考えているという。だとすれば、大量生産に伴う価格減で10万ルピー車の実現は夢ではあるまい。タタは元来が世界第5位のトラックメーカーであり、商業車分野で鳴らしたメーカーだった。それが、ここに来て乗用車部門に進出し、フォード社から老舗ブランドの「ローバー」、「ジャガー」を買収し、廉価のタタに始まり、ミドルクラスの「ローバー」、ハイクラスの「ジャガー」を取り揃えた世界一流メーカーへの飛躍を目指しているのである。「ナノ」の生産に際し、33件の特許を有し、ボッシュをはじめとする世界各国の有力部品メーカーを動員して廉価生産を可能としたこのタタの実行力は、一朝一夕で実現できたものではない。創業が1945年という日本のホンダより長い歴史的伝統があればこそできた老舗の味なのである。設計もトヨタ流のデザインインでこなすあたりは、伝統的な車つくりの手法を手堅くすすめてきているのである。

現代自動車

　タタと並んでマルチウドヨクに急迫しているのが、韓国の現代自動車である。インド進出は1996年で進出企業としては「後発組」に属するが、チュンナイを拠点に30万台体制で最新モデルの「サントロ」を投入、シェアを急速に拡大し、2008年には第二工場、エンジン工場を拡張して、60万台生産体制確立にむかって事業を拡大している。いずれも20万〜50万ルピーの価格帯でインド新興中間層への販売を拡大してきている点に特徴があり、2002年以降急速に生産を伸ばし、2008年には50万台生産体制を作り上げた。また、現代自動車はインドを小型乗用車の輸出拠点と位置づけており、2002年から増加した輸出は、05年には10万台、08年には25万台へと急増してきている。

　インドでの現代自動車躍進の躍進の秘密は、なんといっても最新の小型車をインド市場に投入したこと、次々と新型車種を市場に投入したこと、販売拠点を

2009年の255拠点から10年には300拠点に増加させるなど、販売・サービス体制を整備したこと、などをあげることができよう。

しかし、現代自動車が、インドで急速に拡大し得た背後には、前述した現代MOBISの部品供給体制があることを見落としてはならない。現代自動車のインド進出に若干おくれて2007年現代MOBISもチェンナイに拠点をもうけ、サプライヤーの要の企業として韓国のみならずインドサプライヤーをも統括し、モジュール生産を担当してきた。2009年現在では、コックピット、フロントエンド・モジュールを現代MOBISが実施しているが、現代自動車が第二工場を完成させ60万台生産体制に入ると、現代MOBISが一層の力を発揮することになると想定される。

(2) インド自動車部品産業の現状

インド自動車部品産業も2009年初頭には自動車産業の低迷を反映してその生産を低下させたが、その後急速な回復過程を歩んでいる。部品企業の現状を見れば、部品企業総数は約5000社前後といわれており、そのなかでインド自動車部品工業会（ACMA）に所属する主要自動車部品企業数は446社を数えている。その生産品目別内訳をみれば、エンジン系統が33％、トランスミッション系が19％、ボディ・シャーシー系が12％、サスペンション・ブレーキ部品が10％、備品が10％、電気部品が9％となっており、機能部品への参入度が大きいことが判明する（小林英夫・太田志乃『図解　早わかりBRICsの自動車産業』日刊工業新聞社、2007年、111頁）。GM、フォード、トヨタなどは、クランクシャフト、ギアボックス、プロペラシャフトなど駆動伝導系部品の調達基地としてインドを位置づけており、部品調達を進めている。トヨタがタイで生産しているIMV車のトランスミッションはFTAを活用してインドから供給されているように、部分的に見れば高い技術を有している企業も少なくはない。したがって、インド自動車部品産業は、全体的レベルでは課題を残しているが、部分的には高度の技術を有する企業が散在しており、これらを含めた全体的な技術レベルアップが今後の課題となっている。

しかしインド部品市場の特徴は、コピー製品が出回ることが少ないことだとい

う。市場がそれを受け付けないほど成熟している面と、コピー製品が生産できる部品企業が、カーメーカーに取り込まれてしまっている点があって、粗悪コピー品の拡大を防いでいるというのである。

(3) 日イ自動車部品の輸出入状況

　日本とインドの部品貿易は、中国、タイ、インドネシア、韓国との貿易と比較するとはるかに小額で、600億円前後にとどまる。アジア自動車部品貿易では、輸出入ともに中国とタイの2国でアジア貿易全体の約60％を占めており、インドの比率は、輸出で3.5％、輸入で0.5％で、インドの存在は微少である（同上書、114頁）。今後拡大することは予想できるが、これからの課題だといってよかろう。また品目別で見た場合でも、日本からインドへの輸出で上位を占めるのは、ピストン、伝導軸、エアコン、内燃機関用電気部品であり、高機能部品が上位を占めていることがわかる。またインドの場合には、自動車用部品というよりはバイク用部品の輸出が比較的大きな比重を占めていることが1つの特徴となっている。逆にインドから日本への輸入を見た場合、中国同様にワイヤハーネス等の配線電機部品、ピストン部品などが上位を占めており、労働集約的部品やピストン部品のような鋳鍛造品が上位を占めている。その意味では規模こそ小さいものの、中国と類似した貿易品目構造をとっていることが判ろう。

4 アセアン自動車市場と地域振興

(1) 通貨危機以前のアセアンの自動車産業

　中国とインドという巨大市場の間にはさまるアセアン市場は、我が国の独壇場で、日本自動車企業が圧倒的シェアを占めていた。しかしこの市場も2009年の世界同時不況以降は微妙な変化を見せ始めている。1998年のアジア通貨危機までは、アセアン全体が国内市場向けの自動車生産を行ってきた。そして、アセアン各国市場で圧倒的シェアを誇っていたのが日系企業だった。アジア通貨危機前の95年の数値によれば、アセアン5カ国（タイ、インドネシア、マレーシア、フィリピン、シンガポール）合計での日系企業（トヨタ、日産、三菱自工、本田、マツダ、スズキ、いすゞ、ダイハツ、富士重工、日野自工、日産ジーゼル）のシェアは91%であった。残りは米系が2%、欧州系が5%、韓国系が2%であったからである（FOURIN『1995・1996年アジア自動車産業』）。この間日系企業は、アセアン各地に分散している部品企業を活用して現地調達率を向上させる方向を模索した。1988年10月からスタートしたBBC（Brant to Brant Comprementation）スキームがその始まりで、自動車生産メーカーに限り同一ブランドでアセアン内の複数国が合意すれば、関税を通常の50%に下げることで域内の相互融通を実施できるというものであった。アセアン内の域内経済協力は96年12月にはAICO（ASEAN Industrial Cooperation）スキームへと発展した。AICOスキームでは、現地資本を30%以上ふくむことが前提で、しかも当事者同士の合意が必要とされているとはいえ、それまでのBBCスキームのように自動車部品に限定されないため、より広い範囲での補完体制の構築が可能となる。しかも2003年にはAFTA（アセアン自由貿易地域）がスタートし、CEPT（共通効果特恵関税）のもとで輸入関税が0から5%に下げられ、AICOで定めている現地資本30%出資企業に限定するという制約条件が撤廃されたため、アセアン域内での補完体制は一層進むはずであった。

(2) 通貨危機後のアセアン自動車産業

しかしタイで始まったアジア通貨危機はこのアセアン域内交易での自動車生産に大きな打撃を与えた。内需主体のアセアン自動車生産は、軒並み生産台数を激減させたからである。なかでもタイの落ち込みは激しかった。図33にみるように97年の生産台数56万台は翌98年にはいっきょに3分の1の16万台へと激減したからである。こうした中で、アセアン自動車生産の中核国であるタイでは、バーツ切り下げの低為替を利用して自動車輸出が開始された。これが順調に伸び始めた2004年からタイトヨタは「ハイラックス」級小型MPV車のグローバル生産を内容とするIMVプロジェクトをスタートさせた。その後タイは順調に輸出を中心にその生産を拡大し、在タイ日系自動車企業の主力のトヨタはタイを自動車輸出基地として位置づけたのである（下川浩一『自動車産業危機と再生の構造』

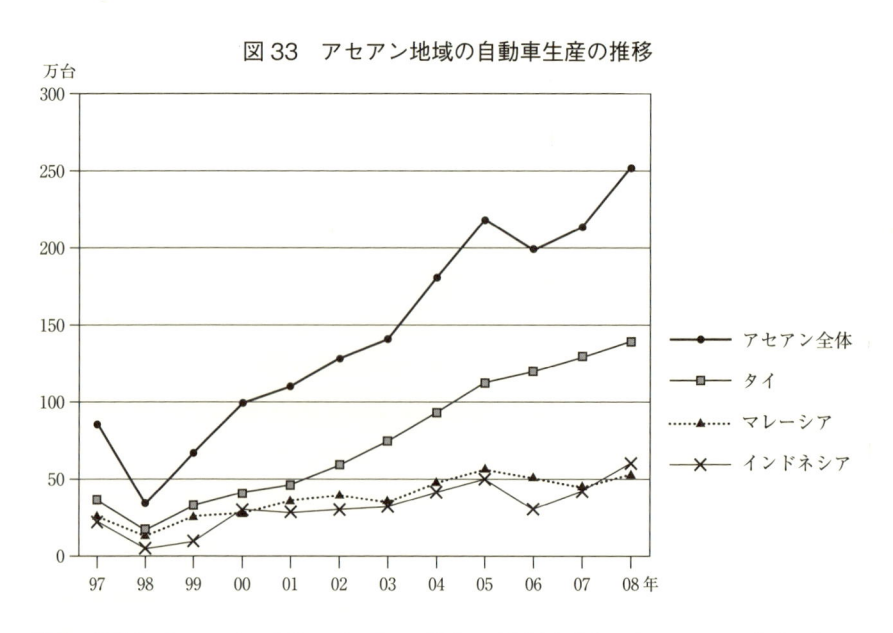

図33　アセアン地域の自動車生産の推移

出典：OICA：International Organization of Motot Vehicle Manufacturers, *statistics Data*, 1997-08.

図 34　タイの自動車輸出の推移

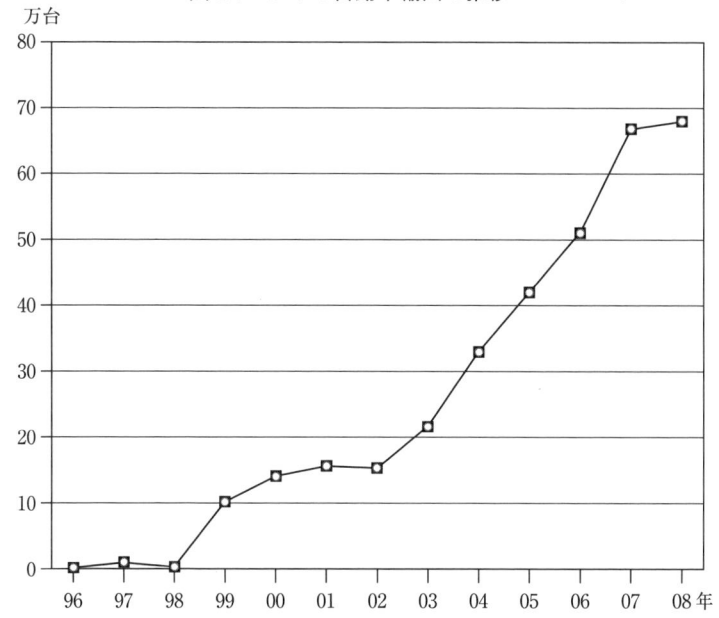

出典：Thailand Automotive Institute, *Statistic Report 1994-2008*.

中央公論新社、2009 年、124 頁)。図 34 にみるように 1998 年以降輸出を中心に生産を拡大させたタイの自動車産業は 2008 年には過去最高の生産台数 139 万台、輸出台数 68 万台を記録した。しかし 08 年末からの世界同時不況の影響でタイも輸出を中心に 20％の生産減が見られた。2010 年 1 月からアセアンでの完成車輸入が完全自由化されるにともない、タイ政府は自動車輸出政策を強化するが、その柱になっているのが環境対応の「エコカー」である。これにあわせてタイの日産、ホンダ、スズキなどの日系各社もタイを輸出基地と位置づけ増産体制を強化するが、この動きに関しては後述する。

(3) アセアンの部品産業の現状

アジア通貨危機以降アセアン 4 (タイ、マレーシア、インドネシア、フィリピン) は、それぞれ自国の条件を生かしながら発展を続けてきた。まず、アセアン主要部品

供給国であるタイとインドネシアを見てみよう。タイは、元来がアセアン各国中最も自動車部品産業の集積が厚く、展開も一番早かったため、アセアンの中では部品輸出国として力を発揮し、トヨタ IMV プロジェクトの基軸国としての機能と役割を演じている。インドネシアも BBC や AICO スキームを活用した部品産業の成長が見られたが、特にワイヤーハーネスやギアボックス関連、ゴム部品などの生産拠点として重要な役割を演じ始めている。タイ、インドネシアと比較するとマレーシアの部品産業は、やや国際競争力に問題点をもつ。むしろタイ、インドネシアから自動車部品を輸入している状況で、得意部品の育成が今後の課題となっている。アセアンの中では相対的に発展した産業部門である電機電子部品産業を活用して電装部品やエコカーに不可欠なバッテリー生産などを伸ばしていく方針を模索している。最後にフィリピンだが、BBC や AICO スキームの際に培ってきた変速機や電装部品の供給に力を入れはじめている（FOURIN『アジア自動車調査月報』30、2009 年 6 月）。

タイの輸出基地化

このところ急速に進行しているのがタイの自動車輸出基地化である。この動きはすでに 1997 年のアジア通貨危機以降から始まっていたが、2009 年以降再びその動きが加速化し始めた。2010 年 3 月タイ政府は、ガソリン 1 リットル当たり 20 キロ以上走行できるなどの規定をクリアーした小型車を「エコカー」と認定して、一定台数以上生産すれば事業税などを免除する措置をとったことと関連して、タイ市場でマジョリティの地位を占める日系各社は一斉に低燃費・低価格車の生産準備をタイで開始した。日産は「マーチ」を日本から全量生産移管しタイでの生産を開始した。2010 年度では 9 万台生産する予定で、うち 7 万台、つまりは 8 割近くを日本とオーストラリアに輸出する計画である（「日本経済新聞」2010 年 3 月 13 日）。タイ市場の主力製品である 1 トンピックアップトラックの 6 割を生産するトヨタも小型乗用車需要に合わせて小型低燃車の投入を計画、2009 年から「カムリ」の HV 車の生産を開始した。ホンダ、スズキも同じような動きを見せた。ホンダは 100 万円を切る低価格小型車の投入を計画しているし、スズキも 2008 年後半からの不況下で投資を差し控えていたが、2010 年に入り小型車生産のために延び延びになっていたタイの小型車建設工場の着工に着手し、12

年3月からの生産開始に備え始めた。マツダも2009年稼働し始めたタイ工場に「デミオ」をベースにした小型セダンの投入を計画している。こうした小型車は、単にタイ市場をターゲットにしたものではなく、インドや中国、中東への輸出も計画しているという（「日本経済新聞」2010年1月25日）。2010年以降タイはアセアンの中にあって「世界戦略車の輸出拠点」（「日本経済新聞」2010年3月13日）としての色彩を一層濃厚にしているのである。

第3章 ● 成長するアジア市場への日本の対応

(1) 日本に挑戦する新しいアジアでの物づくりの型

タタと奇瑞

　近年アジアのなかで新しい物づくりの動きが生まれてきている。すでにみたように、インドのタタの「ナノ」も中国の奇瑞の「QQ」も価格面での競争では先進諸国を凌駕し、国際的実力があると断定できるからである。では、その廉価を生む秘密はどこにあるのか。

　「ナノ」と「QQ」とでは、その廉価を生む秘密に少し違いがある。「ナノ」はどちらかといえば伝統的な生産方式にのっとりカーメーカーと部品メーカーが開発・設計の段階から協力し、その延長線上で生産段階で協業するデザインイン方式を採用しながらも廉価を実現しているのである。それに対して、「QQ」は、開発・設計・デザイン・主要部品をアウトソーシングして、最も安価なメーカーにそれらを委託し、その供給によって廉価車の生産を行っているのである。タタは巨額の開発費を投入しているのに対して、奇瑞は、アウトソーシングや必要技術の購入、M&Aに多額の資金は投入するが、自社の技術開発それ自体にはさほどの資金は投じていない。

　タタの「ナノ」が従来の伝統的な車づくりの方法に従って廉価化を図っているのに対して奇瑞の「QQ」は、アウトソーシング型の新しい車づくりの手法で廉価化を企図しているのである。「ナノ」は開発途上国市場向けの開発設計をもとに、徹底した部品の簡素化を図ることで、伝統的な手法ながらも廉価化を実現させることに成功した。日本企業にとって当面厳しい競争相手となるのは伝統的手法で廉価化を実現した「ナノ」の方であろう。しかし、もちろん留保条件がある。それは今後の自動車産業の技術開発の方向性である。現在の自動車産業は、新素材、新動力、安全性技術において日進月歩のスピードで進化している。仮に現在

の内燃機関主体のエンジンから電気主体のエンジンへと変わり、部品産業に革命的変化が生じた場合には、この結論の限りではない。その場合には奇瑞の「QQ」のようなアウトソーシング型が変化に対応し、強みを発揮して自動車生産の主流となる可能性もでてくるかもしれない。事実、後述するように中国ではEV車が急速な普及を見せ始めているのである。この点に関しては、第3部で改めて論じよう。

韓国のモジュール生産

アジアで起きているもう1つの新しい車づくりの動きは、韓国の現代自動車に代表されるモジュール生産である。元来モジュール生産の起源は欧州にあり、賃金コストの削減と欠陥率の減少を生む手段として開発されたものだが、これが韓国に導入された時は、部品企業の低賃金の活用と生産の重点を部品企業に移すことで、現代自動車の労使争議の影響を回避する目的に使われた。韓国の場合には、このモジュール生産が現代MOBISという独占的Tier1企業を誕生させ、この企業がモジュール生産の要の位置を占めることで、国内部品企業の序列化と再編成を進める手段となり、また国際化過程では現地部品企業をとり込む要の企業となったのである。つまり、モジュール生産と現代MOBISの誕生と拡大は、TPC（トヨタ生産方式）からHPC（現代生産方式）への変換の契機となり、日本自動車産業の国際競争力を脅かす存在へと成長していったのである。

(2) 日本自動車部品企業の対応——品質管理体制の統合的一元化

日本自動車企業の対応

日本の自動車企業の海外展開の特徴は、主要製品企業を随伴進出させ、そこからの部品供給を待って生産に入るというのが一般的である。したがって、地場企業や欧米系の部品企業からの部品調達を受けるというケースはあまり多くはない。Tier1企業だけでなく、Tier2企業でも現地企業を使わずに日本から進出してきた企業を使うという傾向が強い。したがって、勢いコストは割高となり、現地企業との価格競争では太刀打ちできない。近年Tier2企業に現地企業の部品を採用するケースが増えてきてはいるが、まだ主流とはなっていない。部品企業の

方も日本国内での取引関係の延長線上での部品供給となるから強いて他社拡販を試みることも少ない。ところが、タタの「ナノ」の場合でも奇瑞の「QQ」でも積極的に地場企業や欧米企業の部品を使用する。「ナノ」の主要部品には日系企業のみならず欧州系のボッシュなどが積極的に参加している。彼らがつくり出す廉価車にどう対応するかとなると、日本企業はいきおいコストダウンを図らざるを得ない状況に追い込まれるのである。こうした場合には日本企業も地場企業や欧米企業を使わざるを得ないが、問題は安全基準をどう保持するかであろう。この点での押さえが利かないと、廉価製品だが品質上に問題があって、大量のリコール発生の原因を作りだすことにもなりかねない。

　課題は、この要の位置にある人材をどう育成するかであろう。従来はここに日本人のスペシャリストを配置して安全基準を保持してきたケースが一般的だが、事業拡張過程ではいつも十分なスタッフが確保できるとは限らない。日本企業の場合にはTier2の品質管理は個々のTier1企業に任せられているが、韓国の場合には現代MOBISが統合的に管理し、現代自動車と現代MOBISの二重のチェックがかかるようにできていて、この点では日本並みの厳しい品質管理が統一的にできるシステムができあがっている。韓国企業が海外展開で日本企業より一歩先を行く所以である。したがって、日本の場合、品質管理体制の一元化と現地化をできる限り早くシステム化する必要がある。そうした保証があれば、より積極的かつ迅速に欧米系や地場系の企業を活用することが可能となる。

成長市場への参入

　その点では部品企業の場合は明確である。成長率が5％から8％と飛躍が著しい中国、インド市場に日本企業がいかに参入するかが、最大の課題となろう。事実、2009年以降低迷が続く先進国市場と比較して高成長を持続する中国、インド市場に対して、日本部品企業の進出が積極化している。インドのタタ自動車の「ナノ」にワイパーを納入しているデンソーは、現地技術者を交え低コスト部品の開発・設計に着手するというし、足回り部品を生産しているヨロズは、アメリカで2工場を閉鎖し、生産を縮小する代わりに日産などのカーメーカーの中国需要に応ずるために生産設備の一部を広州に移管した。また安全部品のタカタはインドのチェンナイとデリーにエアバックを生産する工場を新設したし、パワー

ステアリングを生産するトヨタ系のジェイテクトは中国長春の第一汽車へのステアリング納入を開始した。このほかスタンレー電気は中国やインドネシアでの自動車ランプの生産を拡大したし、ニコフは中国に樹脂部品の工場を新設、ユニプレスはインドに車体骨格部品の新工場を立ち上げた（「日本経済新聞」2009年11月26日）。日本国内で生じた余剰能力を成長著しい中国、インド市場に転用するため、トヨタ系の東海理化は中国仏山市にスイッチ・キーセット工場を2010年中に造設する予定だし、ホンダ系の八千代工業も国内生産を縮小させて、その分中国等の海外生産を増強する動きを見せはじめた（「日刊工業新聞」2010年1月20日）。

参入の留意点

ではカーメーカーと比較しグローバル化が遅れているといわれるパーツメーカーが、今後成長が期待されるこれらの新興国市場に参入するためにはいかなる点が留意されるべきか。現状の問題点を指摘すれば、日系部品企業は、これらの市場で系列の壁を打破することができない点がある。多くの場合、日系部品メーカーは、日本国内での取引関係をそのまま海外に延長していく場合が多いのである。換言すれば、現地ローカル企業との取引には消極的である。それ故コスト競争力に欠ける場合が少なくない。新興国市場での競争が、品質もさることながら廉価性にあることはいまさら指摘するまでもなく、今後その傾向が一層強まることが予想される。そして、コスト削減の第1の条件が、現地ローカル企業をいかに取り込むかにあるとすれば、現地ローカル企業との関係如何が決定的となる。くわえて技術躍進目覚しい中国やインドの完成車メーカーが、今後ますます開発能力を高めるとすれば、日系部品メーカーも開発段階からこれらのローカル完成車メーカーに参入する必要性が生じてくることが予測される。つまり日系完成車メーカーべったりの取引では立ち行かなくなることが想定されるのである。

だとすれば、中国、インドでの日系部品メーカーは、日系の枠に閉じこもるのではなく、ローカルの完成車、部品メーカーへ積極的に取引関係を拡大する必要性が生まれてきているのである（前掲『地域振興における自動車・同部品産業の役割』、224頁）。むろんこうした積極的戦略への懸念はあろう。1つは売掛金回収の困難さ、2つには技術流失への危惧、3つにはコピー製品の横行である。2000年代前半に見られたような商道徳違反は件数こそ減少したが、依然としてこれらのトラ

ブルは後を絶たず、自動車補修部品を中心に日系部品メーカーが受けたコピー製品被害が、把握できているだけでも中国を中心に11億円を超えるといわれる実情を考慮する必要がある（『早大自動車部品産業研究所紀要』3、2009年11月）。また、日系部品メーカーが、ローカルの完成車メーカーとデザインイン（開発段階から部品メーカーが関与する方式）を実施するケースが増加することが予想されるのである。すでに高度の開発力をもつインドのタタや急速に開発力を高めている中国の民族系の吉利、奇瑞などには、早晩日系部品メーカーもより積極的に参入する必要性が生まれてこよう。その際、技術流出の可能性はすこぶる高いことが予想される。

しかし手をこまねいていては、今後成長することが確実なこの市場でシェアを伸ばすことができないわけで、いくつかの対策が必要とされよう。一つは、技術流出対策をきちっと立てることである。多くの日系部品サプライヤーの場合こうした技術流出対策を実施していないケースが目立つ。たとえば、現地合弁会社を通じて設計図が無断で外部に流出したケースなどがこれに該当しよう（小林英夫『日本の自動車・部品産業と中国戦略――勝ち組を目指すシナリオ』工業調査会、2004年、110頁以下参照）。また技術流出が生じた場合、これに伴うトラブルを軽減するために、現地事情に詳しい法律事務所と連携して迅速に法的対応する体制を日常的に整備しておくことも必要となろう。

しかし、こうした問題は、1企業だけで対応するにはおのずと限界がある。こうした進出に伴うトラブルを回避するためには、日本政府や関連機関が、技術流出監視やコピー製品摘発で相手国政府と協力してのシステムつくりに着手する必要が生じてこよう。被害を受けている国々が連携して、グローバルなコピー防止対策ネットワークを構築する必要性もあろう。こうした作業は、1企業を超えた課題であり、政府が積極的に行うべきであろう。

不況が底を打ち緩やかな回復基調に転じ始めている現在、中国、インドはこれから成長する可能性を秘めた地域として、自動車・同部品企業にとって欠くべからざる地域となっている。近年中国やインドでの工場建設の件数は増加を開始している。中国、インド政府も、全般的に高い技術を有し、とりわけ環境技術面で高度技術を内包している日本部品企業への期待は大きい。グローバリゼーションの下においては「選り好みしないもの同士」の協力関係が求められている。系列

の枠をはずし、新しい取引相手を探し出す作業は、日系カーメーカー、部品メーカー、そして政府関係機関の一体的協力関係の下でなされなければならないが、それは避けて通ることができない至上命題なのである。以下で、日本のそれまでの伝統的な対中進出企業の例とその中で生じてきた地場企業活用という新しい変化事例に分けながら、その進出の相違を検出してみよう。

(3) 伝統的な対中進出企業の例（Ⅰ）――ブレーキメーカーを中心に

　中国やインド、韓国の企業が「モジュール型」、「アウトソーシング型」などの国際化により適合的な生産システムを模索しているとき、日本はこれにどう対応しているのか。ここでは、部品企業の対中進出の伝統的な典型例として、まず中国広東省広州に進出したN社の事例を挙げておこう。広州地区が中国を代表する自動車生産地域であることは、ここに改めて指摘するまでもない。トヨタ、ホンダ、日産の日系3社の工場が集中し「中国のデトロイト」と異名をとる広州の場合には、当然のことながら自動車産業がこの地域の産業の圧倒的比重を占める。進出がもっとも早かったのは広州ホンダの1999年で、「アコード」、「フィット」、「オデッセイ」などを年間36万台生産し、5万台を輸出する能力を有し、06年の販売実績は26万台であった。広州ホンダに次いで広州に進出したのは東風日産で2003年のことである。「シルフィ」、「ティーダ」、「リヴィナ」、「ジェニス」など比較的幅広いセグメントを用意し27万台の生産能力をもつ。06年の販売実績は20万台（うち花都工場は14万台）であった。一番遅れて進出したのは広州トヨタで、「カムリ」、「ヴィッツ」を年間20万台生産するが、2006年の販売実績は6万台であった。

　各社ともに2008年前半までは順調に生産、販売実績を伸ばしてきたが、日系メーカーに不況の波が押し寄せたのは同年10月頃からだが、すでにその予兆は7月頃から現れていた。広州の自動車メーカーが減産の指示を出したのは、早い会社で7月、遅い会社で10月だったという。だからすでに7月の段階で、急速に需要が低下するという見通しは一部で出てきていたのである。

　広東省の広州に隣接する東莞は、電機電子、プラスチック部門の企業が密集し、自動車部品産業の集積地であるとともに、これらの素材を基礎とした玩具の対欧

表27　調査対象企業の概要（2008年12月現在）

	事業分野	資本金	従業員
広州ホンダ	最終組立	11.6億元	4,100人
NZ社	ブレーキ部品	2,580万米ドル	878人
Na社	ABSヨーク部品	1000万香港ドル	248人
Ub社	ブレーキタンク	-	100人

出典：各種資料、ヒアリングより著者作成。

米輸出産地としてもその名が知られている。しかし、すでに08年の3月に鉛入りの玩具事件がアメリカで発生し、それに後半からのアメリカ発の不況が加わり倒産件数がうなぎのぼりに上昇、同年10月に倒産件数は8513件に達した。前倒しの春節休暇が他地域に先行して実施された地域で、いわば、この東莞の動きを後追いする形で広州を不況の波が覆い始めたことになる。

ジェトロの発表によれば、08年10月まで上昇を続けた広東省の輸入総額は11月には前年同月比で17.9％マイナスの749億ドルを記録した。輸出は11月で2.2％減の1,149.9億ドルで電機電子、プラスチック製品から自動車部品にまで及んだ（「ジェトロ広州事務所資料」）。

それを裏付けるのが、08年11月広州市で開催されたジェトロ主催の「日系自動車部品調達販売展示会」の低迷である。商談件数は昨年の9661件に対して1万3883件、成約件数は88件から147件、成約見込件数は690件から840件とそれぞれ増加したものの、肝心の成約額は611万ドルから46万ドルへと激減し、中国自動車業界の失速ぶりが鮮明になったのである（同上）。「部品各社の設備投資の抑制や需要減少は予想以上」（「日経産業新聞」2008年12月8日付）だという。

本節では、広州ホンダを頂点とする部品生産のネットワークの展開を地場サイドに焦点をあてて検討してみることとしたい。したがって、本節で取り上げる会社は、広州ホンダにブレーキ部品を納入しているNZ社とこのNZ社にＡＢＳヨークを供給している香港系のNa社およびNZ社の敷地内で操業し、ブレーキタンクを生産しNZ社に供給しているUb社である（表27参照）。ここでは、Tier2メーカーを日本から招致した伝統的事例（Ub社）とTier2企業に地場企業を活用した新しい事例（Na社）の2つのケースを典型事例として紹介しよう。

2008年末の広州ホンダ

本田技研が広州汽車と50対50の合弁比率で広州ホンダを設立したのは1998

年7月のことだった。資本金11.6億元、従業員4100人でスタートした。24万台の生産能力を有し、「アコード」、「オデッセイ」、「サルーン」などの新車を中国市場に投入し、一挙に販売台数を増加させた。さらに本田技研は03年9月には資本金8200万ドル、本田技研65％、広州汽車25％、東風汽車10％の共同出資で、新たに100％輸出を目的とした本田汽車（中国有限公司）を設立した。

発足移行新車投入が功を奏して広州ホンダは急速に生産・販売台数を増やし、07年には、生産台数で広州ホンダが29万5462台、100％輸出のホンダ中国が4万3569台、合計で33万9031台に達したのである。しかし、2008年前半までは順調だったが、後半にいたりサブプライム問題に端を発するアメリカの景気後退の余波を受けて中国市場での乗用車販売台数が激減した。

ホンダは、総額500億円かかるといわれるF1事業からの撤退を宣言し（「日刊工業新聞」2008年12月8日付）、日本でのホンダの人員整理は、期間工を中心に09年1月末までに800人規模に及んだ（「日刊工業新聞」2008年12月5日付）。

N社の事業概要

広州ホンダにブレーキシステムを納入しているのがNZ社だが、ホンダとの関係はNZ社が広州へ進出する以前の日本での関係にまでさかのぼる。NZ社の親会社であるN社は、ホンダにブレーキシステムを供給してきた長い歴史を有している。日本での取引関係がそのまま中国広州にシフトしてきているのである。こうした「海外横展開」は、部品企業の海外進出では、ごく一般的な形である。では、簡単にN社の発展史をたどっておこう。設立は1953年で長野県上田市に本社を構える。85年には長野県東御市に東部工場を、89年には新潟県直江津市に直江津工場を設立している。そしてブレーキの鍵をなす2輪用のABS（アンチロックブレーキシステム）開発を目的に東御市に開発センターを、2000年にはホンダの開発センターがある栃木県南那須町に次世代UBCや基本ブレーキ開発を目的に開発センター栃木を立ち上げた。この過程は、そのままN社がホンダのブレーキシステムのTier1企業として、提案型モジュール企業の道を歩んでいることを物語る。

海外展開はホンダの2輪車生産にあわせて積極的な展開を開始した。タイがもっとも古く、アセアン諸国は主に2輪車用の部品供給を目的に展開している。

インド、中国では2輪車、4輪車のブレーキシステムの生産を担当してホンダに随伴してこれらの国々に進出した。ホンダ系部品メーカーは、2輪車部品で市場を開拓し、ローカルメーカーを育て、その上で4輪車部品生産にシフトするといわれるが、N社の場合にも、ほぼ同様のスタイルをとってきたといえよう。

ここでは、N社の中国での4輪車ブレーキシステムを供給している広州のNZ社に焦点を合わせてみてみることとしよう。

NZ社の事業概要

広州にN社がブレーキ部品を生産するためにNZ社を設立したのは2002年12月のことである。それまでは日本から部品を送っていたのだが、同年1月に法規が改定され、部品関連品に関税が20％付加されることが正式に決定されたため、部品メーカーがいっせいに現地生産に踏み切ったのである。

NZ社の資本金は2,580万米ドル、100％N社出資の独資企業である。04年4月に4輪車用ブレーキ部品の組立生産を、10月には一般ブレーキの一貫生産（鋳造、加工、表面処理、組立）を、そして05年2月にはABSの一貫生産を開始した。会社設立から1年強で生産体制を整備できたということは、順調な滑り出しだったといえよう。

立上げ時には日本人派遣者は40名に上ったが、生産が軌道に乗った2008年現在では10名が駐在していた。日本人は総経理、副総経理を筆頭に工場長を補佐するポジションに2人、生産技術、品質、購買、管理、総務人事、財務、開発センターを補佐するポジションに合計8人が配置されていた。工場長を除く主要ポストはすべて日本人が占めているが、これは日本の100％出資企業という特性を反映したものだと思われる。

なお、NZ社は、広州市に開発センターを有している。名称は開発センターであるが、その目的は客先ニーズの把握や市場動向調査といったマーケットリサーチ、新規客先の開拓、客先のニーズへの迅速対応などの拡販推進、そして現地部品メーカーの開拓やグローバル調達を内容とする現地調達の推進などである。広い意味では開発だろうが、実態は営業や購買のサポート部隊だといってもよかろう。NZ社の場合にはそうした機能だが、比較的歴史が古いタイのNT社の場合には、開発センターは、日本の開発センターと現地をつなぐ中間媒体の機能を果

たし、テスト開発や設計なども担当している。各拠点によって、名称は同一でも中身は異なるのである。

購買関係だが、大半が日系企業との取引である。取引は部品点数が300点で、42社と付き合っているが、40社は日系である。現地の部品メーカーとの取引は、わずかに2社に過ぎず、1社は天津にある日台合弁の企業で、ブレーキ鋳物部品のキャリパーの供給を受け、他の1社は商社を介して大連の中国企業からピンの供給を受けている。この2社から供給される以外の残りの部品すべてに関してみていくならば、在中日系企業からの供給と日本国内からの輸入がそれぞれ約50％ずつとなっている。

Na社の事業展開

NZ社に拡販を試みているのが香港系部品メーカーのNa社である。したがって、NZ社のベンダーということになる。先に述べたように、NZ社のベンダー42社中40社が日系企業であるということは前述した。したがって、NZ社は、基本的には中国に進出した日系企業に依存しているわけだが、中国での競争力強化の一環として地場の香港企業の活用を試みている。今後こうしたケースが増えるだろうし、不況下ではますます拡大していくことが予想されるので、取り上げておくこととしたい。

Na社の設立は2001年1月で、香港に本社がある100％香港系企業である。従業員は248人で、その69％が39歳以下という全体的に若い企業である。生産しているのは家電および自動車用プレス部品で、この会社がスタートした当初は家電用のプレス部品が中心で、日本の三洋電機中国工場など在中国日系家電メーカーへの製品納入が中心だった。総経理自身が、日系家電メーカー出身であり、そこで日本的経営の手法を叩き込まれたという。したがって、Na社には日本人技術者は常駐しておらず、かつ日系企業からの技術援助は受けていないが、「日本のものづくり」のポイントは理解できているという。

Na社が自動車部品に参入を試みたのは、2007年5月に金型の受注を受けたのが最初だという。それまでは、NZ社の金型の補修を担当していたという。補修で受注をとり、これをきっかけに拡販を図っていくというのは、洋の東西を問わず、この業界の常識的戦略である。この過程でそれまでNZ社が内製していた

ABSの部品で、モーターのコイルを巻く部品であるヨークの受注を受けた。NZ社より07年5月以降ライン検査、サンプルの提出、日本でのテストの後再度サンプルの提出が繰り返され、08年10月に2000～4000個の小ロット納入が行われた。これもごく一般的な参入手続きである。

　2008年時点で同社はプレス機械として、家電用の45トンから350トンまでのプレスを26台、自動車用の300トンクラスのプレスを15台保有している。加えて自動車用部品の納入が本格的に決まって以降は、自動車用のプレスマシンを追加整備した。

　その後Na社は電気部品と自動車部品の2つの重要部門をもって事業を行っているが、彼らは経営の安定を狙って、自動車部品産業への参入を試みたのである。NZ社も、それまで内製していた部品をNa社に発注したのは、コスト的にそうしたほうがNZ社に有利だと判断した結果であろう。いずれにせよ、このチャンスを的確につかんで、Na社はNZ社への拡販活動を成功させたのである。

　自動車部品産業への参入は、日本国内においても中国においても大変厳しくその障壁は高いが、いったん参入すれば、確実な収益が予想できる。したがって、地場企業としても困難を承知の上で、参入を図るのだが、すべての地場企業がNa社のように成功するわけではない。

　しかし不況下であればあるほど、こうした地場企業への拡販が積極化するのではないか、と思われる。特に2008年末から一時深刻化した中国での不況を前に、コスト削減を目指す日本企業は、これまで生産増強を第一に考えてきた企業戦略を見直し始めている。そうしたなかで、無駄を省き、コストダウンを細かく点検する必要に迫られている。その視点から、今後は、コストダウンの一環としてそれまで自社内で内製していたか、あるいは日系企業に発注していた部品を地場企業に発注して危機を乗り切ろうと動く企業は非常に多いと予想される。以上の理由から、ここで取り上げるNZ社のNa社への発注のような事例は、今後増えるものと思われる。高い技術を持って、できれば開発力を具備した地場企業の成長が望まれるといえよう。その際、地場企業であれば、日系メーカーの品質管理の厳しさを体で経験した人物が総経理で社の指揮を執っているという点が重要であろう。

Ub社の事業展開

　NZ社の敷地内に工場を有していたのが、Ub社である。Ub社はブレーキ用のポリタンクを生産しNZ社に納品している。NZ社の敷地内のほんの十数メートル離れたところに工場があるので、定期納入は容易である。

　本社のU社は長野県の上田市にある。創立は1960年である。設立当初はマックス社の事務機器の部品を生産していたが、1998年から同じ上田市に工場をもつN社への拡販に成功し、N社向けのブレーキ用オイルタンクの生産を開始し、今日にいたっている。ブレーキ用のオイルタンクは、エンジンの隙間の狭い空間に設置するため、また振動で空気の滞留がないようにするため、複雑な形状をしている。したがって、上下2個のパーツをつなげて生産するため、複雑な形状を満足させ、かつその接合をも可能にする高い技術が求められるという。従業員は100人だが、2008年末以降は受注が激減したが、09年3月以降は、受注は回復してきているという。

　Ub社の設立は2004年10月のことで、親会社である日本のU社がブレーキシステムの生産を本格化させた時期に該当する。当初立上げの段階では「フィット」のエンジンオイルタンクの生産だけだったため、従業員数はわずかに10名足らずにすぎなかった。しかしその後ホンダの生産する車種の増加とともに仕事量が増加し、2008年末の段階では従業員25名にまで増加してきている。常駐する日本人は副総経理1名だけで、経理から生産工程、品質管理すべてを管理監督している。生産ラインはU社本社にあったものをUb社に移したもので、本社とUb社のそれでは基本的な生産手法に違いはないという。部材は、ポリタンクに装備されるセンサー機能を持つフロートがU社から供給されることを除けば、その大半は現地の日系企業から調達される。基本的にN社が日本で取引している企業からの調達をベースに広州での取引関係が形成されている。新たな拡販もN社の許諾なくしては進めることはできない。

回復期の部品企業の動向

　2009年後半の中国自動車産業の回復期の中国自動車部品産業は地域によって異なる様相を呈している。広州地区に関してみれば、広州ホンダ、広州トヨタは苦戦、広州日産は善戦している、という情況である。日系の自動車部品メー

カーは、カーメーカーの苦戦を反映して、厳しい状況下にある。ここで取り上げた NZ 社も、広州ホンダへブレーキシステムを納入する Tier1 企業として、その例外ではない。とりわけ 2008 年最後の 3 ヵ月は、生産量を約 3 割減少させたことに現れているように、操短を余儀なくされる情況にあったが、この間のコスト削減の努力、作業の見直しが進められた。

この間 NZ 社は、それまで内製していた ABS のヨーク部品を Na 社に外注することに決定し、その準備を着々と進めた。それは内製化するよりも外注化することでコストダウンが可能であるからだが、Na 社が、それに応えうる技術力を有していることが認証されたからに他ならない。「Na 社は使える」という口コミ情報が日系メーカーの間に広がりはじめている。日本人技術者が常駐しなくとも日系企業が Na 社の品質に信頼を寄せるのは、同社の総経理が日系電機企業で長年の経験を積んできたからである。たしかにこれまでは、こうした現地企業への外注化はあまり進んではいなかったのだが、企業間競争が激化するなかでそれが急速に進行することが予想される。この激烈な競争を乗り切るためには、極限までコストダウンすることが求められており、それを可能にするためには「現地化」は必須だからである。したがって、NZ 社による Na 社への外注と類似の動きが今後一層増えることが予想されるのである。

(4) 対応の事例（Ⅱ）——事例の一般化

地場企業との連携

中国進出日系企業がコストダウンを図るためには、現地地場企業の活用が重要であることは、ここにいまさら指摘するまでもない。先の NZ 社の場合 Na 社を活用して、コストダウンを図った事例だが、こうした方向は、今後一層進むことが予想される。しかし日系企業の多くは、中国ビジネスに多くの困難を感じている。2007 年 3 月に「日刊工業新聞社」が実施した中国ビジネスアンケートによれば（図 35 参照）、「中国ビジネスの課題はなにか」という質問に対して、30% を超えたのは、トップから「人材の育成」（55.1%）、「知的財産の侵害」（41.5%）、「為替リスク（人民元への上昇）への対処」（38.1%）、「人件費の上昇」（33.9%）、「中国市場での販売シェアの拡大」（30.5%）となっている。2003 年に自動車部品工

図35　日系企業にとっての中国ビジネスの課題

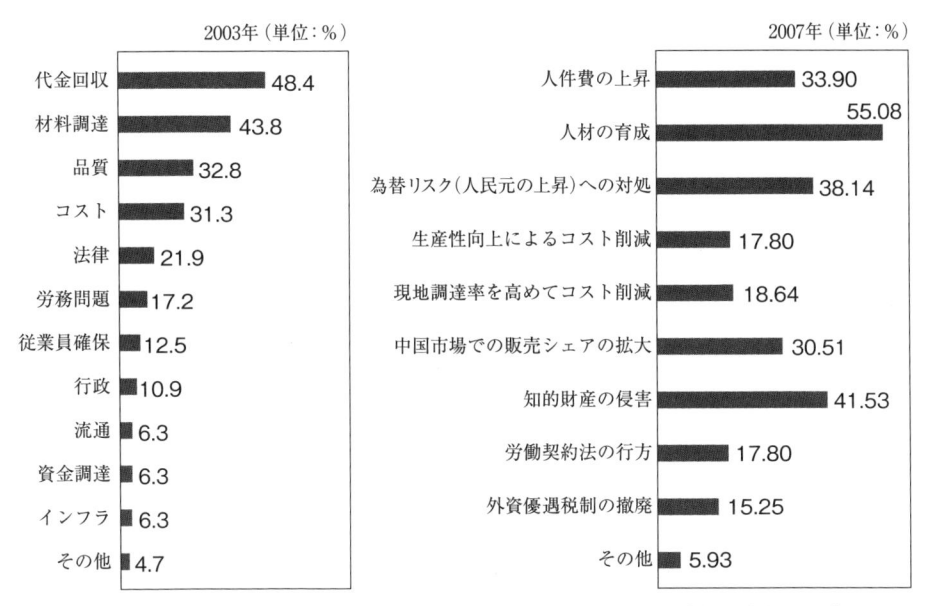

2003年（単位：％）

- 代金回収　48.4
- 材料調達　43.8
- 品質　32.8
- コスト　31.3
- 法律　21.9
- 労務問題　17.2
- 従業員確保　12.5
- 行政　10.9
- 流通　6.3
- 資金調達　6.3
- インフラ　6.3
- その他　4.7

2007年（単位：％）

- 人件費の上昇　33.90
- 人材の育成　55.08
- 為替リスク（人民元の上昇）への対処　38.14
- 生産性向上によるコスト削減　17.80
- 現地調達率を高めてコスト削減　18.64
- 中国市場での販売シェアの拡大　30.51
- 知的財産の侵害　41.53
- 労働契約法の行方　17.80
- 外資優遇税制の撤廃　15.25
- その他　5.93

出典：2003年は日本自動車部品工業会『自動車部品産業競争力調査研究会報告書』2003年、2007年は「日刊工業新聞」07年3月15日付による。

業会が実施した「中国に進出している部品メーカーが現在抱えている問題点について」という質問に対しては、多い順にトップから「代金回収」、「材料調達」、「品質」、「コスト」だったことを考えるとこの間の変化は顕著である。かつて2003年時点で問題だった「代金回収」などはその後の対策の進展にともない後退し、むしろ労働力不足が出稼ぎのワーカーからエンジニアにまで拡大し、人材の育成や賃金の高騰が焦眉の問題となっているのである。その典型は中国華南の広州や東莞地域である。ここはかつては労働集約的な電機、自動車部品、金属機械の中小企業が密集する「世界の工場」であった。ところが賃金の高騰が生まれているのである。特に2007年に中国政府が発表した労働契約法の影響が大きい。中国版終身雇用法と別称される労働契約法の結果、労働賃金の上昇がみられた。

　「人材の育成」のみならず「知的財産の侵害」、「為替リスク（人民元への上昇）への対処」、「人件費の上昇」、「中国市場での販売シェアの拡大」など中国ビジネスには困難な課題が少なくないが、21世紀に世界最大の市場に成長する可能性

が高いこの国での企業活動を成功させることは、大きな意味を持っている。

　だが、このような障壁をものともせず、地場企業との提携を進めている日系自動車部品企業も確かに存在する。例えば、関東地方の有力部品メーカーであるＢ社はＡ日系完成車メーカーの一次メーカーであるが、その完成車メーカーとの関係を維持することのみならず、中国の地場企業に対しても販路を拡大しているのである。「中国は今後より高品質で安全な自動車作りが求められ、政府の政策もその方向に舵を切っている。今後、我が社のような高い技術を持つ日系部品メーカーと、取引あるいは提携を望む地元企業も増えてくるだろう」（インタビュー、2009年8月25日）と、Ｂ社の海外部門担当者の鼻息は荒かった。

　その際でも、より品質を重視する理念をもった社長とそうした企業を見つけ出し、育成していくことは決定的に重要になろう。しかし、こうした地場企業の掘り起こしは、個々の企業にまかされるというよりは、組織的・集団的・統一的になされ基準化される必要があるし、その必要性は今後一層強まることはあっても弱まることはあるまい。

第3部　地球環境問題と自動車部品産業

第1章 ● 車作りと地球環境問題

（1）課題

　第3部は、日本自動車・同部品産業の現状を踏まえ、該産業が地球環境問題に如何に取り組んでいるかを検討する。

　2009年初頭アメリカに誕生したオバマ政権が環境を重視した「グリーン・ニューディール政策」を掲げ、同年9月日本に生まれた鳩山内閣がマニフェストのなかで「地球環境対策を強力に推進する」と謳ったように、環境問題は21世紀に生きる我々にとって避けて通ることができない重要な課題になってきている。自動車・同部品産業もその例外ではない。

　自動車・同部品産業も、この地球温暖化を阻止して環境にやさしい生産と販売、さらにはその推進に関して大きな役割と責任を負っている。

　日米欧各国は、厳しいCO_2、Nox排出規制を実施して自動車の生産、走行に関する規制を設定、実施し始めている。各国の主要自動車メーカーは、これをクリアすべく、自動車の開発・設計段階から生産段階、運行段階まで、さまざまなレベルで環境にやさしい車作りに努力している。その最たるものが、後述するHV車、EV車、燃料電池（FCV）車、クリーンディーゼル車などのエコカーの開発であり、石油系燃料への依存の低減である。また渋滞防止やスムーズな車の運行による温室効果ガス排出量の減少の努力もその一環を形成している。

　第3部の第1の課題は、こうした自動車産業をめぐる環境対応技術開発の現状と課題を考察することである。第2の課題は、今後自動車産業の成長のみならず世界の経済成長を担うことが予想されるBRICs地域、とりわけ中国が、こうした環境対応技術開発という課題にいかに立ち向かっているのか、という点である。

(2) 自動車産業の環境対応の歴史と現状

深刻化する環境問題の背景・解決を模索した歴史

　さきのオバマ政権や鳩山政権の環境問題への取り組みに見られるように、近年日米欧で環境問題への具体的取り組みが進みはじめてはいるが、これからも地球環境改善に向けた茨の道が続くことは間違いあるまい。しかしここまでたどり着くのに長い歴史があったことも忘れてはなるまい。

　地球環境問題が、全人類的課題としてクローズアップされてきたのはさほど遠い昔の話ではない。1972年にストックホルムで開催された国連人間環境会議以来、世界各国で地球環境問題が重視される契機になった。その後、82年に海洋、国際河川の汚染防止を目的にジャマイカで国連海洋法条約が、85年にオゾン層保護を目的にウイーン条約が、87年にはフロンガス使用規制を目的にモントリオール議定書が、92年に地球温暖化防止を目的にニューヨークで国連気候変動枠組条約が、同年の地球サミットで生物多様性保護を目的に生物多様性条約が、それぞれ締結された。また、環境破壊の元凶と目された企業でも防止対策が重要問題として取り上げられはじめ、92年には世界主要企業が中心となって「持続的開発のための経営者会議」が開催され、96年に国際標準化機構（ISO）が14000シリーズを作成し、企業レベルでの省エネや資源サイクルなどの環境対策の推進が図られた。さらに1997年に京都で開催された国連気候変動枠組条約第3回締結国会議（COP3）では、2008年から12年までに温室効果ガス排出量を先進国全体で少なくとも5％削減することを謳った京都議定書が議決された。

　さらに07年12月には、ポスト京都議定書の枠組みを協議する国連気候変動枠組条約締結国会議（COP13）がインドネシアのバリ島で開催されたが、日本はアメリカと歩調をあわせて温室効果ガス総量削減目標設定に消極的態度をとった。しかしこの会議でその後の温暖化交渉の枠組みとなる「バリ・ロードマップ」作成という成果をあげた。08年7月に北海道洞爺湖サミットで議長国をつとめた日本は、ポスト京都議定書の枠組みつくりや温室効果ガス削減に関し具体的提案をすることが求められていたが、具体案は作られることなく終了した。

　その後08年12月にポーランドのボズナニで開催されたCOP14では途上国の

温暖化対策に資金援助をする「適応資金」の発足は決まったものの、温室効果ガス削減の中間目標に関しては京都議定書の合意事項の承認にとどまり、途上国との責任分担の隔たりは埋まらなかった。09 年 7 月開催された G8 首脳宣言でも気候変動に関しては、COP15 に向けて主要排出国は積極的に取組むことを再確認し、工業化以前の水準からの世界全体の平均気温が 2 度超えないようにする認識を確認した。09 年 9 月発足した鳩山政権は、「CO_2 等排出量について、2020 年までに 25%（1990 年比）、2050 年までに 60%超減（同前）を目標とする」とマニフェストに謳い、コペンハーゲンで開催された COP15 でその実現を協議することとなっていたが、合意文書は作成されたもののポスト京都議定書の具体案は作成されずに終了した。

環境にやさしい車作り

　もし民主党がマニフェストどおりに実行し、さらに各国が意欲的削減目標を掲げたと二重に仮定すれば、自動車・同部品産業は如何なる削減目標を掲げると、それが実現できるのか。

　上記の数値を前提にすれば、もはや従来のガソリン車では対応できないことは明白となる。温室効果ガスの排出で企業が重い責任を負っているとすれば、自動車産業はその例外でないし、自動車の開発・生産もこの問題抜きには語れない。否、排出ガス問題を考えれば、開発・生産に際し環境問題が第一義的に重要な課題になりつつあることは何人も否定し得ない。

　かつて、車づくりにおいて排出ガス規制は重要問題の 1 つだった。1970 年代、アメリカでのマスキー法の制定は、排出ガス規制の厳しい基準をクリアした車作りを不可避としたからである。しかし、前述したような 1990 年代以降の地球温暖化の進行と、地球環境を守る厳しい規制が国際会議の中での議論、決定されるに伴い、環境問題は車の設計・開発の際に考慮すべき最重要課題の 1 つとなった。各社が競って HV 自動車、EV 車、FCV 車の開発に傾注する所以である。

　地球環境にやさしい車の開発・設計は、単にエンジンだけにとどまらず、車体の軽量化、新素材の採用など、広い範囲に及んでいる。特に 2000 年代に入り、後述する車の増加と石油価格の上昇の中で、化石燃料エンジンと鋼材をベースに設計・生産されてきたこの 100 年に及ぶ車作りの歴史に抜本的変化をもたらす可

能性が現実味を帯び始めたのである。

新興国で増加する車販売

　2008年末から顕在化した世界同時不況と自動車販売台数の激減、それを反映した世界の自動車・同部品産業の「100年に一度」と称される不況を受けて、2009年前半期は未曾有の生産減退を生み出した。後半期に入り生産は徐々に回復してきてはいるが、2007年当時の7割のレベルにとどまっている。そうしたなかで、日米欧の落ち込みとは対照的に中国、インドといった新興工業国市場での回復が著しい。

　振り返ってみれば、1984年における全世界の自動車の生産台数は約4200万台だったのだが、20年後の2004年には6300万台に達した。この間、約2000万台の増加を見たことになる。しかも、この間の増加を担ったのは、BRICsと称されるブラジル、ロシア、インド、中国といった新興工業国家群で、1500万台を数えたのである。なかでも、この間の中国の増加は目覚しく、1500万台の3分の1に該当する500万台を数え、中国は一躍、アメリカ、日本と並ぶ自動車生産大国へと成長したのである。また販売台数は2006年段階で500万台を超え、日本を抜いてアメリカに次ぐ世界第2位の自動車販売大国へと成長した。中国以外のBRICsもこの間、約400万台の増加を見せており、インド、ロシアでの自動車増加も著しかった。

　このまま順調に行くかに見えた世界自動車生産も、2008年後半からのアメリカでのサブプライム・ローン問題に端を発する金融不況の中で、アメリカ自動車市場が収縮し、金融不況の波が世界中に拡大する中で、自動車・同部品産業の低迷は、全世界へと拡大していった。しかし2009年後半からの中国、インド、ブラジルなどでの景気回復と自動車需要の拡大は、この市場が日米欧と異なり将来性豊かな新興市場であることを証明している。もっとも、日米欧の成熟市場と異なり、いまだに自動車を囲む環境面での問題点は数多い。広い国土と膨大な人口をかかえているため、クリーンエンジンを使用することを義務付けた法令が十分遵守されているわけではないので、自動車生産・販売台数の増加は、そのまま排気ガスの増加を生んで地球環境の劣悪化に拍車をかける要因になりかねない。

上昇する石油価格

環境問題に深刻な影響を与えたのがガソリン価格の上昇であった。1960年代までは石油価格はバレル当たり1〜2ドルで、安価で安定的な供給が実施されていた。ところが73年の第1次オイルショックで石油価格が一時高騰しバレル当たり10ドルを超え、70年代末の第2次オイルショックで30ドルを超える事態となった。80年代後半から90年代にかけてはバレル当たり13〜19ドルで安定していたが、2000年代に入ると一転して石油価格は急上昇を開始し、バレル当たり100ドルの線にまで近づいてきたのである（図36上）。

図36 原油相場とOPECの実効生産余力

原油相場（ニューヨーク市場、WTI先物）

OPECの実効生産余力（世界の石油需要に占める比率）

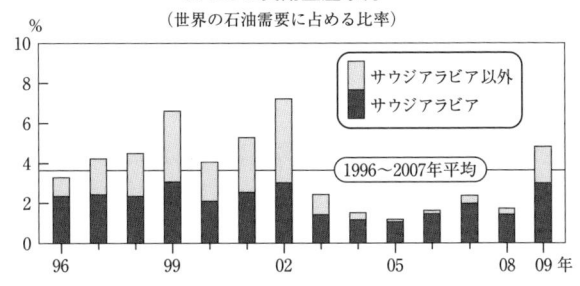

出典：「日本経済新聞」2010年1月8日。

石油価格急騰の原因の1つとしては、中国やインドでの経済成長の進展に伴う石油需要の拡大が挙げられる。しかしそれだけではない。原油価格の騰貴、石油掘削技術の発達、OPECの中でのサウジアラビア供給量の回復（図36下）による変動要因の拡大などが重なって、原油価格の乱高下が激しさを増したのである（「日本経済新聞」2010年1月8日）。この結果、世界の産業界は脱石油の道を模索することを余儀なくされているのである。たしかに2009年7月以降ガソリン価格の上昇は停止し、逆に下落の方向を歩んでいるが、高騰の原因が、新興国の工業化と石油需要の拡大に起因する限り、かつての安定的低価格は望むべくもない。脱石油化の道を恒常的に追求せねばならない所以である。自動車および同部品産業もその例外ではない。1つは自動車の省エネ対策である。エネルギー効率の良

い車への需要が急速に高まっている。この点は、燃料性能の良い小型車開発に力点を置いて開発・設計を行ってきた日本車には有利な点ではあるが、他社の厳しい追い上げの中で激しい価格競争が展開され始めている。こうした省エネは、同時に地球環境の悪化を食い止める手段にもなっているのである。環境エネルギー戦略がクローズアップされる理由でもある。

(3) 日本の環境エネルギー戦略

世界のエネルギー事情

　世界エネルギー消費の内訳を見ると、75％は石油、石炭、天然ガスといった化石燃料に依存しており、原子力や太陽熱、風力、潮力、地熱といった自然力を活用したエネルギー消費の比率は大きくはない。ましてや家庭ゴミや産業廃棄物を活用した再利用エネルギーとなると極小の比率を占めるに過ぎない。こうしたなかでブラジルなどで積極的に開発されてきたのがサトウキビから生産されるバイオエタノールなどのバイオ燃料である。バイオエタノールはブラジルなどではすでに実用化され、高い使用率を記録している。ブラジルでのガソリン・エタノール併用のフレックス燃料車は2006年段階で143万台強に達し、ガソリン車を抜いて第1位に躍り出た（前掲『図解　早わかりBRICs自動車産業』68頁）。今後一層比率が上昇することが予想される。

　その他、原子力発電は今後、中国やロシアを中心にそれへの依存率は一層拡大することが予想され、風力発電も北欧から中国内陸部や各国の強風地域で広がることが予測されている。太陽熱発電も太平洋地域や北アフリカなどで強い熱線を活用した発電設備の計画がなされてはいるが、いまだに実験段階にとどまっている。

　2050年まで化石燃料依存度は、依然として70％前後を占めているといわれていることを考慮すると、地球環境の保全と大気汚染の防止は、この化石燃料の効率化にかかっているといっても過言ではない。

日米欧の環境エネルギー戦略

　2008年までのアメリカ・ブッシュ政権下では、環境エネルギー戦略の切り札

として、バイオエタノールを主体にした戦略が追求されてきた。アメリカは世界に冠たる農業大国であるが、この世界市場向け農産物算出をバックにトウモロコシや大豆を原料としたバイオエタノール生産に取り組み、これを代替燃料として活用する環境エネルギー戦略を推し進め 2017 年までにアメリカのエネルギー消費の 30％をエタノールで満たす構想を打ち出し、これによって 2025 年までに中東からの石油依存度率を 2006 年の 20％から 5％にまで低減する計画を立案してきた。実際、2007 年にトウモロコシを原料とするバイオエタノール工場は全米で 100 拠点を超え、その生産量は 65 億ガロン（247 億リットル）に達するといわれた（「日本経済新聞」、2007 年 12 月 31 日）。しかし「グリーン・ニューディール政策」を掲げて 2009 年誕生したオバマ政権の下では、そうした政策は影を潜め、CO_2 削減に向けたグリーン・エネルギー関連産業の振興、省エネ、EV 化、HV 化の推進といった多様な環境対策を打ち出してきている。

　欧州の環境エネルギー戦略は、排出ガスよりは CO_2 規制を重視している点に特徴がある。特にクリーンディーゼル化を押し進めるというのが欧州の環境エネルギー戦略の力点にある。欧州車は伝統的にディーゼル搭載車が中心であり、その分、欧州では大気汚染と関わる排出ガスよりは地球環境に関連する CO_2 排出量への関心が強い。

　日本の環境エネルギー戦略の特徴は、自動車、燃料、インフラを総合的に組み合わせた施策を実施する点にある。クロニクル的に見れば、1951 年にすでに車検制度を導入し、その後、1971 年に環境庁が発足し、その下でガソリン無鉛化対策が、73 年には大気汚染防止法が、78 年には日本版マスキー法ともいうべき自動車排出ガス規制が実施された。そして 92 年には自動車 NOx 法が制定され、2001 年には自動車 NOx・PM 法に改正された。03 年は新短期自動車排出ガス規制が、05 年には新長期自動車排出ガス規制が行なわれ、世界一厳しい自動車排出ガス規制が実施された。日本政府の環境対策は、ある意味で世界に先行する面も見られ、特にガソリンの無鉛化という点では世界に先駆けた施策が展開された。

日本の自動車戦略

　したがって、日本の自動車戦略は、排出ガスを減らしたエコカーの開発にある。エコカーは以下の 3 種類に大別が可能である。① HV 車、PHV 車、② EV

車、③FCV 車がそれである。

　まず、①HV 車だが、これはガソリンエンジンを主体に発進時や増速時にはモーターを併用し、減速時の運動エネルギーで蓄電し、その電気をモーター回転に活用して走行するもの（パラレル方式）やガソリンエンジンとモーターを直結して走行するもの（シリーズ方式）、などがある。さらに家庭用電力で充電が可能なバッテリーを装備した PHV 車も具体化されてきている。

　②EV 車は、大容量の電池を搭載しモーターで走るもので、最近では家庭用コンセントでの充電が可能なものも出現している。

　③FCV 車は、水素とガソリンを組み合わせるか、水素、酸素、電気を組み合わせるもので、水素の場合には水素タンクを備え水素燃料を燃焼させて走行するものだし、燃料電池の場合には水素タンクと燃料電池を搭載し、水素と空気中の酸素を結び付けて電気を起こすというものである。

　これらのエコカーは、それぞれが長所・弱点を持っている。①の場合にはガソリン以外の燃料への拡大や電池性能の向上が今後の改善点だし、②の場合には電池の性能向上や軽量化、廉価化が課題となるし、③の場合には主要燃料となる水素の扱いや安全性、そのためのインフラの整備、寒冷地対策が重要となる。

　2007 年 5 月の経済産業省の案によれば、2015 年までに家庭用小型 EV 車、PHV 車のための先進型電池の、2030 年までには本格的 EV 車のための革新的電池の開発が計画されているのである（経済産業省の HP）。

日本の燃料戦略

　バイオ燃料をどう開発、活用するかが今後の課題だが、日本政府はバイオ燃料技術革新協議会を設置してバイオ燃料開発を推し進めている。元来、戦前から日本は、石油に代わる代替燃料の研究を蓄積しており、1940 年代の戦時期には、一部が実用化されて海軍燃料や戦闘機燃料に使用されるレベルに達していた。戦後は、一時期その技術的伝承が途絶えたが、ここに来て石油価格の高騰を受けて再び復活してきたわけである。現在、2015 年を目指して国産次世代バイオ燃料によるリッター 100 円のラインを目標とした研究開発が進められ、さらにはリッター 40 円の線を狙った技術革新も進められた。

日本のインフラ戦略

　いまひとつ重要なのは、自動車を囲む環境の整備である。環境にやさしい車社会の実現が重要な問題となる。特にエコカーの普及という視点でその環境整備を見れば、EV車の場合には充電ステーションの整備は必要欠くべからざる施設ということになる。2007年には、日本では充電ステーションはわずかに全国15ヵ所に過ぎなかった。また水素を補給する水素ステーションも12ヵ所にしかない状況であった。ガソリンスタンド並みの整備がなされなければ、たとえ優れた性能の代替エンジンが開発されたとしても実用化はおぼつかない。こうしたステーションの整備は2009年段階に入ると、さまざまな試みが具体化され始めた。09年7月の三菱自動車「アイミーブ」、富士重工業の法人向け販売、10年4月の三菱の個人向けEV販売の開始、2010年末の日産自動車のEV市販開始に合わせ、2012年までに三菱商事と三菱地所は高速道路会社や自治体と組んで充電器1000ヵ所の設置を進めるというし（「日本経済新聞」2010年1月19日）、2010年2月に日産は全国旅館生活衛生同業組合連合会（全旅連）と連携して国内1万8000の宿泊施設に電圧100ボルトに対応した普通充電器を整備すると発表した（「日経産業新聞」2010年2月2日）。「次世代電力網（スマートグリッド）」構築もその重要な一環をなす。昼間太陽光発電で蓄積された電力は、夜間の生活に活用され、各家庭では電力が厳格に管理され、余剰電力は売却される。電気自動車もこの一環に包摂され、「走る電力貯蔵庫」としての役割を演ずるのである（「日刊工業新聞」2010年2月2日）。

　また2009年以降エコカー購入者に対する税制上の優遇措置が積極的に進められているが、その継続はエコカー販売に大きな影響を与えるであろう。逆に、排ガスを多量に出す車の所持者に対しては、より重い税を賦課することで、積極的なエコカーへの買換えを促進する必要も出てこよう。

　その他、渋滞解消のための道路政策は、環境にやさしい車社会実現の前提となる。交通情報センターとナビシステムの併用で最適ルートを設定し、交通渋滞を回避し、平均車速を上昇させて、目的地まで最短距離で達することを可能にするシステムの開発が不可欠となる。アメリカのカルフォルニア州ですでに実施されているという、HV車や3人以上が相乗りする専用レーンの開発などは、その先進事例だし、さらにはHV車、EV車とガソリン自動車を分けてレーン別に走行

させるシステムの開発など、今後進められなければならぬ施策は多い。

(4) 自動車メーカーの環境エネルギー戦略

開発期間の短縮

　自動車の生産に関して、その開発・設計段階での期間短縮は、単なるコストダウンに止まらずカーメーカーが実施しうる第一の省資源対策なのである。開発・設計段階での小型で軽量で複合的な設計、さらには部品の標準化、共有化、モジュール化、現在各社が所有している設備、冶具の効率的活用といった、細かい面に及ぶ開発・設計段階での気配りやコストダウンの試みが、最終的には省資源対策へと収斂していくのである。

　また、開発・設計期間の短縮化も同様の効果を生み出す。通常、車の開発・設計には膨大な資金と設備と人員が必要となり、かつ1車種の開発・設計には通常2年から3年の歳月が必要となる。近年、CAD／CAMの活用によりその期間は急速に短縮化され、1年を切るものも少なくなくなった。開発・設計思想や手段の改革の結果からもたらされた、こうした開発期間の短縮が省資源化を生み出しているのである。

生産期間の短縮

　生産期間の短縮も同様の効果を生み出す。工法、設備、ツールに関する革新的固有技術の向上、混流生産によるライン数の統廃合、共有化・標準化による金型・冶具数の減少、設計工数や金型製図数の減少、段取り時間の短縮などが現場での生産期間短縮に大きく寄与する。また総合設備効率の向上やロボット化なども生産期間の短縮に不可欠である。設備能力を100％使い切ること、その目標に向かって努力を積み重ねることが必要となる。

軽量素材の活用

　通常、自動車の総重量を100kg減らせば燃費性能は2～3％向上するといわれている。しかも車体を軽量化することで燃費の改善のみならずCO_2排出量の削減に結び付くため、各社とも車体の軽量化に努力している。アルミニウムやマグ

ネシウムなどの軽量素材の活用は車体軽量化に大きく寄与するが、高価な分だけコスト増加につながる可能性が高く、マグネシウムは加工過程で発火などの危険性がある。したがって調達先との共同で効果的な工法を開発し、高価な軽量素材を使ってもコスト増加にならず安全性が確保できるような工夫が求められる。

軽量炭素素材（アクリル樹脂を高熱処理して生産する強固で軽量の素材）を活用した車作りだと、鉄鋼材と比較して重量では4分の1、強度は10倍になるという（「朝日新聞」2007年10月9日）。炭素素材の弱点は、他の新素材同様、そのコストの高さにある。鉄の数十倍といわれるコスト高を開発・設計段階での工夫を通じてダウンできるか否かにその成否はかかっている。

燃費性能の向上

燃費性能の向上は省エネには欠かせない。しかも日米欧各国が、一段と厳しい燃費規制に乗り出している現在、燃費性能の向上は市場での優位性を確保するためにも必要欠くべからざる手段となってきている。

日本は2015年度を目処に乗用車全体の燃費をガソリンでリッター当たり、16.8kg（平均23.5％増）まで向上させること、車種や重量に応じて16段階に燃費基準を設定することとしている。またヨーロッパは欧州委員会提出案によれば、2012年にCO_2排出量を現行の20％減の1km走行当たり130gに規制する。これは、厳しい規制を強いるといわれる日本の基準とほぼ同じである。さらに、複数のメーカーが削減分を融通しあう「プール制度」の利用を認め、目標が達成できない場合には制裁金を課すとしている。アメリカでは2020年までにはガロン当たり35マイル（リッター当たり14.9km）走行と平均40％の燃費改善を義務付け、車輌サイズごとに基準を設定するとしていたが、新たな目標として2016年までに実現することと前倒しされた（経済産業省『クルマの未来と裾野の広がりを考える懇談会報告書』、2010年、51頁）。現行で各国のこうした厳しい基準をクリアできる車種は、トヨタのHV車の「プリウス」やホンダの「フィット」など数車種に過ぎないといわれている。世界各国の有力自動車メーカーが燃費規制強化を前に、この基準をクリアするためにHV車の設計・開発にしのぎを削り始めている。かつて、トヨタのHV車に対して低い評価を下していたGMも新モデルのHV車を販売するとしているし、VWなどの欧州メーカーも同様の動きを見せ始めてい

るのである。

代替燃料の開発

　石油代替燃料の開発も大気汚染防止に欠かすことができない。バイオ燃料の拡大は、その重要な柱をなそう。

　バイオ燃料の主な原料は、サトウキビなどの糖類、トウモロコシや小麦などの穀類である。バイオ燃料の開発と実用化で進んだ実績を残してきたのはブラジルであった。ブラジルでのサトウキビを原料とするバイオエタノールの開発は1970年代にさかのぼる。ブラジルでは73年の第1次オイルショックを契機に75年に国家エタノールプログラムが創設され、燃料研究が開始された。そして1979年の第2次オイルショックでその重要性が認識され、エタノール・エンジン車の数は増加した。しかし1986年以降、30～40ドルが12～20ドルへと石油価格が低下を始めたため、研究と普及は一時停滞した（前掲『図解　早わかりBRICsの自動車産業』69頁）。その後、ガソリンとエタノールを混合する手法が広がり、さらに2000年代以降の石油価格の高騰と相まってブラジルでは、前述したようにフレックス燃料車が拡大を開始し、2006年にはガソリン車を抜いて第1位に躍り出た。

　アメリカでも前ブッシュ政権はエタノールの普及に力を入れ、2017年までに燃料に占めるエタノールの比率を30％にまで高める目標を掲げて政策を展開した。しかし、この結果、世界的な食料価格の高騰を生み出した。食料価格の高騰は、サトウキビやトウモロコシ、大豆、小麦を原料とする関連食品価格の高騰を生み出し、アメリカはむろんのこととして、なんとラオス国境の中国雲南省の村のトウモロコシ価格の高騰まで生み出してきた（前掲『BRICsの底力』147～148頁）。農作物を使ったバイオエタノール事業の拡大は世界食糧事情に異変をもたらす原因ともなり燃料と食糧の競合の調整が新たな問題となった。食料と競合しない素材での代替燃料生産が求められている。

循環型工場の建設・改善

　環境対応型の工場の建設や運営も省エネや地球環境対応には重要な条件となる。この点で日本企業の対応も進み始めている。企業の環境対応を示す基準の

ISO14000シリーズの取得件数は、日本が最大で2万1,779件（2007年1月、以下同様）でトップを占め、第2位の中国の1万8979件、スペインの1万1205件、イタリアの9,825件、アメリカの8081件を大きく凌駕している（14000シリーズ国別取得件数HPより）。日本企業のなかでもトヨタやNTTなどがベンダーに対してISOの取得を奨励している関係からもその取得数はずば抜けて多い。

　工場建設の際もできる限り廃材を出さずに再利用するリサイクル型工場の建設が望まれるが、日本国内のみならず海外展開工場でも同様の対応が求められているのである。例えば、トヨタの中国・広州工場では、工場から出る鉄くずをサイズごとに14種類に分類して、近隣の電機メーカーに販売するなど、廃材活用を実施しているが、これなどは電気溶解する前に廃材を活用しているわけで、その分、省エネ手法が一歩前進しているといわねばならない。

　日本国内で自動車の生産台数が増加したのに、逆にCO_2の排出量は減少したという例は少なくない。こうした循環型工場の数の増加と循環効率の向上が地球環境の改善に果たす役割は計り知れない。

(5) 開発途上国への環境支援策

「持続可能な環境経済圏」の建設

　「東アジア経済圏」の構築が叫ばれてからすでに久しい。しかし、東アジアで工業化や経済成長が進めば進むほど、地球環境の悪化と大気汚染の進行は顕著となってきている。こうした状況下で日本が果たすべき役割は、環境対応先進国として環境産業技術を軸に、この「東アジア経済圏」を「持続可能な環境経済圏」へと転換させていくことであろう。そのためには、鳩山由紀夫総理が2009年9月の施政方針演説で、CO_2排出量を25％削減し低炭素社会実現で日本が国際社会を先導すると述べたように、日本がこの間培った環境保全技術と環境基準作りのノウハウを東アジア各国へ移転していくことが必要となろう。こうした環境基準の整備と東アジア規模での基準の統一化が、日本の環境対応産業の東アジア的拡大・固定化に大きく寄与するからである。東アジアでこうした基準作りを目指しているのは日本だけではない。中国、韓国も同様の動きを示し、この基準化の分野に積極的に出てきており、したがって、わが国の基準化に対する早急な対応

が必要となってきている。こうした東アジア規模の制度的枠組作りに経済産業省、国土交通省、外務省は一体になって取り組む必要がでてきているのである。

環境技術支援

　ヨーロッパ諸国が急速に力をつけてきているとはいえ、1970年代以降蓄積してきた実績をふまえ、日本が先行する環境技術の範囲は広い。環境汚染防止のための機材、人員、サービスなどがそのなかには含まれる。大気汚染防止、廃水処理、産業廃棄物の処理、土壌や水質汚濁の浄化、騒音や振動の測定と防止から始まり、健康な環境作りを目指す農業、漁業、牧畜での食生活の安全や快適な環境を保障する森林資源の保護、保全、さらにはエコツーリズムの普及などがそのなかには含まれよう。

　さらに産業面では、自動車・同部品産業での排気ガス防止装置の改善や排水装置の効率化、燃料効率の良い機械器具の設置、水性塗装設備の整備など多様な面で日本が先行する技術を東アジア各国に普及・拡大する必要性が出てきている。環境保全技術を内容とするエコビジネスは、年々その規模を拡大してきており、今後とも一層拡大していくことが予想される。わが国は、環境問題先進国として、このエコビジネスを東アジア規模に拡大する必要があるのである。自動車・同部品産業レベルにおいてもその例外ではない。

環境基準作り

　前述したように東アジア各国で今後、自動車保有台数は急増することが予測される。そうしたなかで一定の規制基準を作らなければ、大気汚染も地球環境も守ることができないことはいうまでもない。自動車登録制度や車検メンテナンス制度、排出ガス規制、粗悪燃料の販売や使用の規制などの基準作りが重要となろう。わが国の長年にわたるこうした面での経験の蓄積や人員の養成が、東アジアでの環境関連の制度作りや人員養成に大きく寄与することは疑いないところである。また、基準作りに不可欠なデータの収集、整理、分析などもわが国が支援できる余地は大変大きい。

　このような環境改善には、行政官、技術者、試験場、測定機器の整備、その操作に必要な要員の確保と訓練など、多くの面でハード、ソフトを交えた支援が必

要となる。こうした制度作りと整備にわが国のODAが活用できれば、環境保全技術と併用することで環境主導の「東アジア経済圏」が構築できるであろう。

世界トップの日本の排出ガス規制

日本はヨーロッパと並んで、世界トップの厳しい排出ガス規制を実施している。歴史的に見れば、1951年に世界に先駆けて車検制度を導入し、さらには71年に環境庁を設立以来、これまた世界最初のガソリン無鉛化を実施した。そして2005年に新長期自動車排出ガス規制を出すことで2015年に向けて世界で最も厳しい排出ガス規制を実施することになったのである。

しかし、厳しい規制を設けているのは日本だけではない。欧州、アメリカも同様であり、今後の自動車産業の勝敗は、この燃費規制をいかにクリアして、環境にやさしい車を作りえるかにかかってきているといっても過言ではない。したがって、アジア各国の自動車メーカーにとっても、この規制は大きな条件となる。アジアの自動車大国である日本、中国、韓国、インドは、ともにこの条件をクリアすることが求められており、そのための技術開発が必要となっているのである。

アジア各国への伝播

中国、ASEAN、インドなど東アジア各国は現在、モータリゼーションの時代を迎えている。しかしGDPの拡大、急速な人口の膨張と都市への集中、自動車保有台数の増加の中で、排出ガスによる深刻な大気汚染とCO_2による地球環境問題の悪化が急浮上してきている。日本が1970年代に直面した「公害問題」が、その広さと深刻さで比較にならぬ規模で発生する可能性が生み出されているのである。換言すれば、かつての日本発の環境破壊が、同心円を描くような広がりと深みをもって東アジアに向かって拡大してきているのである。

今後のわが国に課せられた課題は、日本発の環境技術、環境基準を含む環境保全策を同じく同心円を描くような広がりと深みをもって東アジア全体に拡大させていくことであろう。この点で、我々は東アジアでリーダーシップを取る必要と責任があるのである。このリーダーシップは中国でも韓国でもなく、ほかならぬ日本が取らねばならない。なぜなら、「Kougai（公害）」と英語でも日本語の発音で紹介されたこの言葉を払拭する責任は日本にあり、そしてその汚名をぬぐう

のはわが国でなければならないからである。そのためには、環境先進国としてのリーダーシップが求められているといえよう。

第2章 ● 日本とアジアの自動車産業の環境対応

はじめに

　今日ほど地球環境問題が重視されている時代はない。それは、環境問題が単なる資源問題としてではなく、地球存亡の危機として把握され、速やかに解決されなければならない課題のひとつとしてクローズアップされてきているからである。

　2009年初頭アメリカに誕生したオバマ政権が環境を重視した「グリーン・ニューディール政策」を掲げ、同年9月日本に生まれた鳩山内閣がマニフェストのなかで「地球環境対策を強力に推進する」と謳い、CO_2排出量を1990年比で2020年までに25％削減するという具体的目標数値をあげたのは、その表れだといってよい。

　この数値がいかに厳しいものであり、実現するためには国民生活そのものをいかに変革する必要が出てくるかは、太陽光発電の導入量を現状の55倍に拡大し、高効率のヒートポンプ式給湯器などを全世帯の9割に設置し、HV車やEV車など次世代のエコカーを新車販売の9割にまで引上げ、保有車の4割にまで普及させるという（「日本経済新聞」2009年10月28日）、この数値を見れば明らかである。

　しかし、環境改善のため脱石油社会をつくらなければならない、というこの困難な問題は、見方を変えれば日本をより高度な産業文化国家に転換していくための絶好の機会であるといえなくもない。振り返ってみれば、世界は幾度かのエネルギー転換の節目を経験してきた。19世紀までは石炭、20世紀は脱石炭と石油、原子力、そして21世紀の今日は脱石炭・石油と環境にやさしい新エネルギーの発展と模索の時代を迎えているのである。そしてそのたびにわれわれは大きな生活の変換を経験してきたし、それをよりよく乗り越えることが、高度社会へ向かう一里塚でもあったのである。

もしこの流れが避けることができない人類史の大きな流れであるとすれば、我々は、この課題を真正面に見据えて、果敢に挑戦すべきであろう。本章では、こうした大きな課題を背景として捉えながら、地球環境問題に大きな影響を与え、かつ脱石油、新エネルギー開発の最前線に立つ自動車・同部品産業に焦点をあてて検討することとする。

（1）日本自動車産業の環境対応

次世代自動車

　自動車企業各社は、ガソリンエンジンの燃費改善、エコカーの開発と生産、販売に社運をかけた競争を展開している。トヨタの「プリウス」、「レクサス」、ホンダの「インサイト」といったHV車やトヨタのPHV車、富士重工の「ステラ」、三菱自動車の「アイミーブ」、日産の「リーフ」などのEV車、そしてホンダの「クラリティ」などのFCV車、マツダの「RX‐8」などの水素自動車、日産の「エクストレイル」などのクリーンジーゼル車、いすゞの「エルフ」などのCNG自動車などがある。

　CO_2の削減という意味では、従来のガソリンエンジンの改良やトランスミッションの改善で30％前後の削減が可能である。しかし、それ以上の削減となると従来のエンジンやエンジンコントロール技術をもってしては困難でHV車の場合には後述するように約50％の削減が可能である。しかしHV車は生産時点での部品点数が増加するため、生産時のCO_2を削減するためには塗装や溶接部門を短縮する必要性が生まれている。またEV車の場合には走行中のCO_2排出量はゼロであるが、電力発生源が何かによってCO_2削減効果は国によって異なってくる。例えばインド、中国の場合には石炭や石油といった化石燃料がその主たる発生源のため、削減効果はインドで14.8％、中国では16.8％にとどまる。それに対してアメリカは26.3％削減、原子力発電利用が進んでいるフランスの場合には89.0％の削減効果を有する（電気事業連合会ＨＰ）。燃料の水素と空気中の酸素から燃料電池で電気を発生させモーターを稼働するFCV車に関して言えば、天然ガス改質による水素製造の場合には40から50％減、バイオガス再生エネルギーから水素を発生させた場合には90％削減という高い効率を記録できる。

しかし、現在燃料スタックなどが実験段階にある燃料電池車を除けば、次世代自動車としては、日本の場合は、ほぼ2種類に大別される。1つがHV車であり、いま1つがEV車である。前述したように、この2種類以外にFCV車もないわけではないが、安全性などを考慮するといくつかの困難な課題の解決が不可欠で、実用化は、かなり先のことと想定される。したがって、本稿ではHV車とEV車の2種に絞って検討を試みることとしたい。HV車、EV車双方に関しては先行研究は大変少ないのが実情である。それは、この問題が現実性を帯びて登場したのが21世紀に入ってからのことであり、その分まだ学問対象として扱うには生々しい問題だからである。

環境対策と部品構成の相違

　一般にガソリン自動車の部品点数は約2万点から3万点だといわれ、その約半分はガソリンエンジン関連だといわれる。したがって、HV化の場合にはガソリンエンジンを必要とするので、その影響はさほどではないが、もしEV化が急速に進めば、こうした部品は不要となり、総体で見ればカーメーカーが調達する部品の数は現在の部品数の数分の1程度に減少するという。

　ここであらかじめEV車の部品をガソリン車との比較で見ておくこととしよう。まず、両車の簡単な動力図を示しておこう。次頁の図37の上段がガソリン車で、下段がEV車の動力図である。両者の相違は一目瞭然である。ガソリン車とEV車の違いは、燃料に代わってバッテリーが、エンジンに代わってモーターがつくということであるが、構造上や技術上の問題からすると、ガソリン車と比較すると電気車は排気ガスのような有毒物質を排出せず、熱に関してもエンジン車のように冷却を水冷では行わず、モーター、コントローラーを空冷のみで冷却しているものが大半である。このことを考えると、EV車は効率的で、かつ構造上は複雑でないことがわかる。またガソリンエンジンは構造が複雑で、部品点数も多く、かつその部品どうしのすりあわせに微妙な技術が求められるなど、総じてその生産には多年にわたる経験の蓄積が必要となる。したがって、中国に代表される新興工業国にとっては、ガソリンエンジンの開発や生産では先進国にキャッチアップするのに時間がかかり、かつ困難でも、モーターであればそれが比較的容易であるという考え方が広く存在するし、それはある意味であたってい

図37　ガソリン車（上）とEV車（下）の動力図

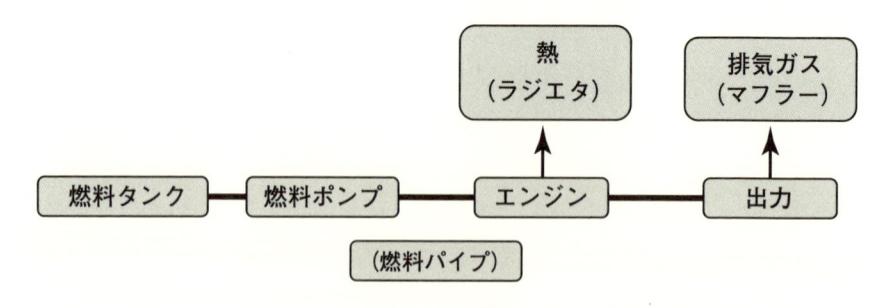

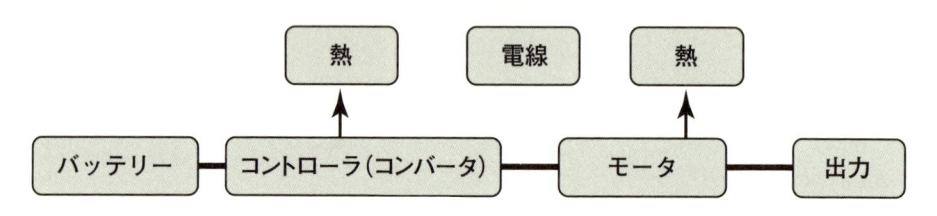

[燃料タンク] — [燃料ポンプ] — [エンジン] — [出力]
（エンジンから上へ：熱（ラジエタ））
（出力から上へ：排気ガス（マフラー））
（燃料ポンプ下：（燃料パイプ））

[バッテリー] — [コントローラ(コンバータ)] — [モータ] — [出力]
（コントローラから上へ：熱）
（モータから上へ：熱）
（中央上部：電線）

出典：タケオカ自動車工業㈱提供資料より作成。

るといえる。

　したがって、もしEV車となった場合、ガソリン車で失われる部品は、次のようになろう。1つは、エンジン系部品である。エンジン本体とラジエーターなどの冷却系、そしてエアコンなどの補機系である。2つは燃料系で、燃料タンク、ポンプ、パイプ類である。そして3つは、給排気系で、エアクリーナー、インテークマニホールド、マフラーなどである。

　では、新しく生まれる部品とは何か。主にバッテリーと、モーターと、モーターをコントロールするコントローラーが新たに加わることとなる。部品点数を見れば、確かにガソリンエンジン車と比較してEV車のほうが数割少ないといわれるが、ガソリン車では、エンジン部品の占める比率が大きく、もしエンジンを1個のパッケージパーツと考えれば、両者の部品点数にはさほどの差はない。重要な点は部品の数というよりは、EV車ではエンジン関連パーツがなくなるということであろう。

(2) ハイブリッド車（HV）

「プリウス」と「インサイト」

　2009年2月にホンダがHV車「インサイト」を発売し、これに遅れること3ヵ月後の5月にトヨタが同じく新型HV車「プリウス」を発売した。「プリウス」の最安値価格を「インサイト」と同じ189万円に抑えて発売したことから両車の頭文字をとって「PI戦争」とも称された。同じHV車でもガソリンエンジンとモーターとを切り替えて随時使用するシリーズ型の「プリウス」と常時ガソリンエンジンとモーターを使用しているパラレル型の「インサイト」では、その構造に若干の相違があるが、HV車である点には変わりはない。いずれも走行時のCO_2排出量は、ガソリン車の50％前後である。さらにHV車がPHV車になると、EV車に近づくこととなる。09年12月に市場投入されたトヨタのPHV車の場合には、家庭用コンセントでの充電が可能で、十数キロの自力走行が可能だといわれる。むろん、その間のCO_2排出量はゼロである。

　しかも2009年4月以降エコカーを購入する場合には税制上の優遇措置がとられ、13年以上使用した車をエコカーに買い替えた場合には25万円の補助金が支給されるため、これに「エコカー減税」を組み合わせると購入時に40万円減らせる車種も出てくるという状況を反映し、HV車の注文が増加し、生産が受注に間に合わない状況が生まれており、2009年段階でHV車は急速に普及し始めている。この点では、日本のメーカーは、他を制して先行している。とりわけトヨタは、HV車の生産を積極的に進めている。愛知県の堤、元町、田原、富士松の各工場では「プリウス」や「クラウンHV」を、高岡工場では小型HV車を、福岡県の宮田工場では「HS250h」、「SAI」などを生産しており、宮城県のセントラル工場では小型EV車を生産する予定である。また海外では、中国長春で「プリウス」を、アメリカのケンタッキー工場、タイのゲートウェイ工場、オーストラリア工場では「カムリHV」を、英国工場では「オーリスHV」をそれぞれ生産している（「日本経済新聞」2010年1月18日）。それだけに2010年初頭に起きたトヨタHVリコール事件の影響は大きいと言わねばならない。HV車は、通常の乗用車生産よりは工程が複雑で、したがって難易度が高く、しかも電池やモー

ターの制御技術は、トヨタやホンダが特許権取得を通じてプロテクトしているため、他社の参入が困難だ、と言われる。韓国の現代自動車は、液化石油ガス（LPG）とモーターで駆動するHV車の開発・生産・販売を急いでいる。

部品企業への影響

部品企業に与える影響も大きいものがある。ガソリン車がHV化するとエンジン排気量は減少するかわりにモーター容量が拡大し、しかも変速機も従来の自動変速機からHV専用品となるなど、変化が激しい。そんななかで、明らかにHV用の部品を納入している部品企業は、好調な業績を記録している。トヨタ系部品企業を見れば、2009年前半深刻な赤字を記録したデンソー、アイシン精機、トヨタ自動織機、トヨタ紡織、などが軒並み2010年3月には黒字見通しへと転換しているのである（「日本経済新聞」2009年10月31日）。デンソーは「プリウス」向けの電力消費を押さえたエアコンを、アイシン精機はエンジン冷却用の電動ウォーターポンプを、トヨタ自動織機はモーターを制御するPCUを納入している。モーター、エンジン、インバーターはトヨタの内製だが、ニッケル水素のバッテリーはパナソニックEVエナジーからの供給である。中部地区だけでなく、トヨタの新型HV車の「SAI」を生産するトヨタ九州でも生産が本格化するに伴い部品メーカーも生産を上昇させている。しかしHV車の場合には関連部品が中京地区から調達される場合が多く、かえって現地調達率は他車種と比較すると減少している。

(3) 電気自動車（EV）

EV車の概要

EV車が発明されたのは、ガソリン自動車よりはるか以前で、かの発明王エジソンをもってその嚆矢とするといわれている。その後便利で燃焼効率が抜群に良好なガソリンエンジンに取って代わられ、この1世紀間はガソリンエンジン全盛時代が続いた。その後エネルギー危機が叫ばれ環境基準が強化されるたびに、1970年代、90年代、そして2009年の現在と電気自動車生産の機運が盛り上がってきた。したがって今回は3回目の盛り上がりといえるが、今回のEV車ブー

ムは、バッテリー、モーター、インバーターの性能向上、石油価格の持続的上昇、地球環境問題の深刻化を反映し、そのぶん取り組みには熱がこもっている。

EV車で先鞭を切ったのは、三菱自動車の「i-MiEV（アイミーブ）」だが、富士重工の「ステラ」や日産が北米で2010年に販売する「リーフ」がこれに続いている。

三菱自動車の「アイミーブ」は、EV車の特性として走行中のCO_2排出量は、ゼロであるが、価格は約460万円で、政府補償を入れても約300万円と高価なものになっている。総重量1100キログラムで、ベースとなった「アイ」よりは約200キログラム重い。モーターは「アイ」のターボ車と同じ出力47キロワットで、最大トルクが2倍の180ニューメートルトンである。駆動用バッテリーはリチウムイオン電池で、1回のフル充電で160キロメートルの走行が可能である。2009年6月から三菱自動車岡山工場で生産を開始したが、「パジェロ」などと並んで混流生産を実施している。まだ試験生産段階だが、2013年には年間生産台数3万台で黒字化を目標としている。

そのほか、日産はEV車「リーフ」を2010年末までに市場に投入する予定で、12年までには20万台の生産を目標としている。

ベンチャー企業の参入

電気自動車分野には、中小のベンチャー企業が参入してきている。オーイーブイジャパンは2人乗りの「ジラソーレ」を発売した。リチウムイオン電池搭載で、一回の充電で約120キロを最高時速70キロで走行する能力を有する。フォアロコーポレーションは3人乗りのEVのコンセプトカー「p70tCONCH」を発売した。巻貝のようなデザインで、都市の近距離用を目指している。タケオカ自動車工芸も2009年11月に1人乗りのEV車「ミリュー T10」を発売した。鉛電池を使用し50キロの走行が可能である。これらは、「東京モーターショウ」（2009年10月）に出展されたEV車の事例だが、これ以外にも慶応大学発ベンチャー「シムドライブ」によるEV車部門への参入や早稲田大学発のベンチャー企業によるEV車への参入などが試みられている。

タケオカ自動車工芸

こうした動きのなかで、比較的マイナーな富山県のタケオカ自動車工芸（以下単にタケオカと省略）に関してふれておこう。創業は1957年で、当時は照明看板を製作していた。81年から同県の光岡工業からの注文で身体障害者用の車の生産を受注したことから自動車業界へと参入した。その後独自の原付3輪の身体障害者や老人用のブランド車の開発に着手し「アビー」を、84年にはこれを4輪に改良した「アビー2」を生産、東京モーターショウに出展している。改良した「アビー」シリーズに続いて92年に「ドンキー」を生産、これをベースに97年北陸電力と共同開発で電動車「ルーキー」を、99年には「アビー」を電動車に改良した「ミリュー」を発売している。この延長線上で前述した1人乗りのEV車「ミリューT10」の発売があった（武岡栄一「我が半生の記」『北日本新聞』2007年1月10日～1月19日連載）。タケオカの従業員は社長以下10名足らずの町工場だが、開発は「コンセプト作り」、「デザイン」、「シャシーの決定」、「試作」、「設計図」、「試作車完成とテスト」、で「車の開発は、大手の自動車企業と変わりはない」（イン

表28　タケオカ自動車工芸の部品調達先

	部品	調達先
電機部品	充電器	アルプス計器
	バッテリー	松下電池
	コントローラ	カーチス社（アメリカ）
	ヒューズ	日本商社を通じて海外から調達
	コンダクタ	オールブライト社
	DC・DCコンバータ	カーチス社
	ヒーター	中国製ドライヤーを改造
	ワイヤーハーネス	矢崎総業
	スロットルポジション	カーチス社
	モーター	永興電気（神奈川県秦野市）
一般部品	ハンドル	インド（商社を通じて）
	コントロール・スイッチ	インド（商社を通じて）
	ステアリング	宝角ギア（兵庫県姫路市）
	デファレンシアルギア	宝角ギア
	ドライブシャフト	タカミ（兵庫県加古川市）
	フォイール	大島フォイール（農業機械）
	タイヤ	ブリジストン
	ミラー	補修品市場
	ウィンカー	台湾
	ワイパー・モーター	ミツバ→現在台湾
	ガラス	日本板ガラス
	シート	中国
	ランプ	ホンダ
	ショックアブゾーバー	KYB

出典：タケオカ自動車工芸へのインタビュー（2009年9月7日）による。

タビュー、2009年9月7日)という。違うのは部品の調達で、系列会社の部品を使うわけではないので、汎用品はインターネットで調達するという。調達範囲も国際的で、コントローラー、コンバーター、スロットルポジションはカーチス社、ハンドルやコントロールスイッチはインド、ウインカーは台湾、シートは中国からと、グローバルな広がりを見せている(表28)。日本からの調達は、ミツバやホンダから部品を分けて販売してもらっている。その場合には、型代として割高な価格で購入するという。したがって、今後の方向としては、保安部品を除く汎用部品は、可能な限り中国やインドへシフトさせ、廉価化を図るという。脱系列化の1つの動きだといえよう。後述するように中国のEV車生産企業は、無数に存在する自動車部品市場からこれらの部品を廉価で、かつ容易に調達できる点に日本の自動車「づくり」との決定的差異があることをあらかじめ指摘しておく。

(4) 部品企業への影響

部品産業の交代

EV車の登場に伴い、電機関係部品数が増え、この分野への新規参入が続く。次頁表29にみるように「アイミーブ」を例に取れば、駆動回生モーター、インバーターは明電舎、パワー半導体は日立製作所、リチウムイオン電池は、GSユアサ系のリチウムエナジージャパン、統合制御ECUは三菱電機、DCDCコンバーターはニチコンと、各主要部品は外部調達に依存する比率が高い(「日刊工業新聞」2009年10月20日)。前述したようにモーターやインバーターを内製しているトヨタの「プリウス」やホンダの「インサイト」とは異なる動きが見られる。

しかし、部品企業の側でも、生き残りをかけて電動化技術の開発体制を強化し始めている。一般にガソリン車での部品コストに占める電子系部品の比率は3割だといわれるが、EV車では7割まで上昇するといわれる(「日本経済新聞」2009年10月23日)。世界部品業界で、ボッシュに次いで第2位に位置するデンソーは2009年以降向こう2年間でEV車用開発要員をこれまでの2倍に該当する600〜700人にまで拡大するという(「日本経済新聞」2009年10月23日)し、不況下でもEV車開発費用は減額しないという。デンソーはエアコンでの低燃費技術の開発を進めている。このほか東海理化は電池やモーターなどの駆動系電装・電子部

表29 主要HV、EV車の部品供給関係

	部品	メーカー
プリウス	駆動・回生モーター	内製
	インバーター	内製
	パワー半導体	富士電機(一部内製)
	ニッケル水素電池	パナソニックEVエナジー
	メーターモジュール	矢崎総業
	太陽電池モジュール	京セラ
インサイト	駆動・回生モーター	内製
	インバーター	三菱電機
	パワー半導体	三菱電機
	ニッケル水素電池	三洋電機
	DC/DCコンバータ	TDK
アイミーブ	駆動・回生モーター	明電舎
	インバーター	明電舎
	パワー半導体	日立製作所
	リチウムイオン電池	リチウムエナジージャパン(GSユアサ系)
	統合制御ECU	三菱電機
	DC/DCコンバータ	ニチコン

出所:「日刊工業新聞」2009年10月20日。

品の開発を、フタバ産業は、電池ケースやヒートマネジメントシステムの開発を開始した(「日刊工業新聞」2009年10月20日)。各社共に既存の技術を活かしてEV部品部門への参入を試みている。

　逆に不用部品も増加する。一般にガソリン自動車の部品点数は約2万点から3万点だといわれ、その約半分はガソリンエンジン関連だといわれる。したがって、HV化の場合にはガソリンエンジンを必要とするので、その影響はさほどではないが、もしEV化が急速に進めば、こうした部品は不要となり、総体で見ればカーメーカーが調達する部品の数は現在の部品数の10分の1程度に減少するという。「トヨタの協力会の半数以上はエンジンと変速機関係」(「日刊工業新聞」2009年11月26日)というから、部品企業に与える影響は甚大である。しかも部品が消えるだけでなく、その部品を加工する技術と製造機械も消えることとなる。例えば、化石エンジンが消えれば、クランクシャフトを加工する研磨機やエンジンなどを加工するトランスファーマシンなどが不要となる。ピストンリングも同様である。07年7月の中越地震で、リケンのピストンリングがカーメーカーに供給さ

れず、トヨタや日産がラインを止めざるを得なかったことがあるが、もしエンジンがなくなれば、ピストンリングも不要となる。またトランスミッションなど自動変速機関連やディスクブレーキなどの部品もその工作機械、工作技術を含めてモーターによる電機制御がとって代わるため、消える運命にあり、全体として日本の工作機械需要の6割は自動車関係だといわれているから、日本産業は大打撃を受けることとなる。

バッテリー供給問題

HV車でもEV車でも一番重要なのがバッテリーだが、ここでも激しい競争が展開されている。韓国、中国が激しい追いあげを見せているのである（図38参照）。

次頁図39にみるようにHV車の「プリウス」にバッテリーを供給しているのは、トヨタ60％、パナソニック40％の共同出資会社パナソニックEVエナ

図38　リチウムイオン電池の世界シェアランキング

		2000年 3000億円	
		メーカー名	シェア
1	日	三洋電機 三洋GSソフトエナジー	33%
2	日	ソニー	21%
3	日	松下電池工業	19%
4	日	東芝	11%
5	日	NECトーキン	6.4%
6	日	日立マクセル	3.4%
7	中	BYD	2.9%
8	韓	LG化学	1.3%
9	韓	サムスンSDI	0.4%

		2005年 5000億円	
		メーカー名	シェア
1	日	三洋電機 三洋GSソフトエナジー	28%
2	日	ソニー	13%
3	韓	サムスンSDI	11%
4	日	松下電池工業	10%
5	中	BYD	7.5%
6	韓	LG化学	6.5%
7	中	天津力神	4.5%
8	日	NECトーキン	3.6%
9	日	日立マクセル	3.3%

		2008年 9000億円	
		メーカー名	シェア
1	日	三洋電機 三洋GSソフトエナジー	23%
2	韓	サムスンSDI	15%
3	日	ソニー	14%
4	中	BYD	8.3%
5	韓	LG化学	7.4%
6	中	BAK	6.5%
7	日	パナソニック	6.0%
8	日	日立マクセル	5.3%
9	日	ATL	3.8%
14	米	A123 Systems	1.0%

出典：日本経済新聞社編『自動車新世紀勝利の条件』日本経済新聞出版社、2009年、209頁。

図39 専用リチウムイオン電池の供給

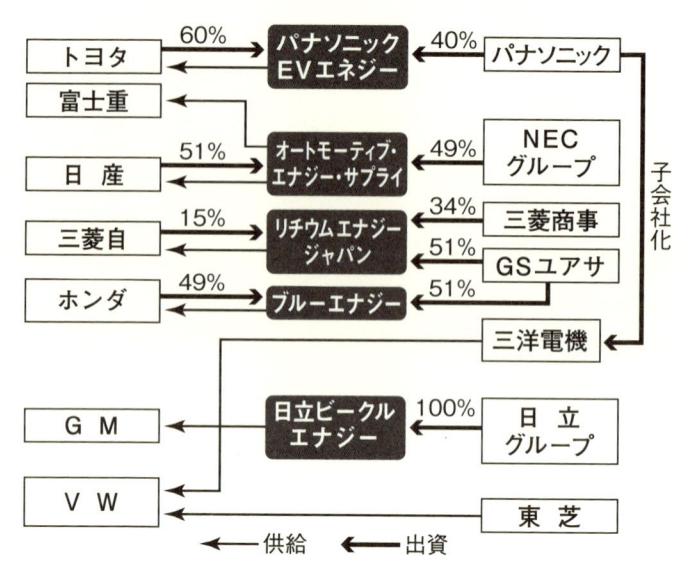

```
トヨタ ←60%― パナソニックEVエネジー ←40%― パナソニック
富士重 ←――
日産 ←51%― オートモーティブ・エナジー・サプライ ←49%― NECグループ
三菱自 ←15%― リチウムエナジージャパン ←34%― 三菱商事
                                    ←51%― GSユアサ
ホンダ ←49%― ブルーエナジー ←51%― 三洋電機
GM ←―― 日立ビークルエナジー ←100%― 日立グループ
VW ←―― 東芝
           ←供給  ←出資
                           子会社化
```

出典：「日刊工業新聞」2010年1月12日。

ジーで、ニッケル水素電池を全量供給している。もっともHV車需要に生産が追いつかず、2009年5月発売の新型「プリウス」の生産が落ちた理由の1つが、このバッテリー供給量の不足だった。トヨタは、複数企業からの購買で安定供給を図るためパナソニックが買収した三洋電機からリチウムイオン電池の供給を計画、車輌への組み込みと量産体制の整備を進めている。

電池生産では世界最大手の三洋電機は、トヨタへのリチウムイオン電池供給を手始めにドイツのVWにも供給する予定であり、ホンダとフォードにはニッケル水素電池を供給している。ホンダの電池供給の本命が三洋電機だったが、三洋電機がトヨタの傘下にはいることで、ホンダはその供給先を変えざるを得ず、JSユアサコーポレーションにその供給先を求めた。このほかルノー・日産連合はNECと、ホンダと三菱はGSユアサと提携してそれぞれのバッテリー供給体制を整備している。

世界に目を転ずると、バッテリー供給体制は大きく3分される。1つは欧州で、ボッシュが韓国サムソンSDIと組んでBMWに、ドイツの化学会社大手のエボ

ニックインダストリーズがダイムラーと組んでバッテリーの供給体制を整えている。他方アメリカでもジョンソンコントロールズや新興電池ベンチャーのエナーデルが GM と組んで電池の供給体制を整備する。アジアでは、日本や韓国の動きと共に中国の BYD がリチウムイオン電池の供給体制を整備している。アジアでは、中国と同時に韓国の追い上げが急伸である。特に 2009 年以降サムソンと LG が集中投資で攻勢に出ており、パナソニック、三洋、ソニーを追撃する体制をとり始めている(「日本経済新聞」2009 年 10 月 26 日)。中国市場でもジョンソンコントロールズが中国自動車メーカー吉利と提携するなどリチウムイオン電池で日本と競合する動きを見せている。前掲図 38 に見るように、2008 年時点でリチウムイオン電池生産では韓国のサムソン、LG、中国の BYD が急速に追い上げてきていることがわかる。

企業再編成

環境問題に対応するためには巨額の投資が必要となる。この費用を捻出してなお厳しい競争に伍していくには、相当の資金力を必要とする。その見通しの立ちにくい企業は、他の強力企業集団の傘下に入り、その一員として活動する以外に生き残る道は険しい。ビッグ 3 の GM 傘下を離脱したスズキが VW との提携を模索し、三菱自動車がフィアットとの提携の道を選択した最大の理由もそこにある。

スズキは 1981 年から継続していた GM との提携関係を 2008 年に解消し、09 年には新しいパートナーに VW を選択した。VW がスズキ株 19.9 % を所有し、スズキも VW 株を最大で 2.5 % 取得する。そして両社は包括協定を締結した。スズキと VW は両社が提携することで、08 年時点での新車販売台数は、VW630 万台にスズキの 236 万台を合わせて 866 万台となり、トップのトヨタの 897 万台に僅差で迫ることとなる。またスズキは VW と提携することでスズキが弱かった中南米市場を VW との連携で強化し、VW は、逆にスズキが 50 % 近いシェアを有するインドでの販売強化を進める。しかしなんといってもスズキが VW と連携する最大の目的は、VW がもつ環境技術を活用し、欧州企業が伝統的に強い「第 3 のエコカー」と称されるディーゼル車の技術に期待すると同時に EV 車や HV 車の共同開発を進めるということである。VW 単体の研究開発費が年 30 億ユー

ロ（約4000億円）でスズキの4倍に達する。新車開発を含めたグループの総開発投資額は年1兆円に達するという（『日経産業新聞』2009年12月16日）。

　三菱自動車も同様の問題を抱えてプジョー・シトロエングループ（PSA）との提携路線を押しすすめた。三菱自動車は「アイミーブ」を出すなどEV車関連で先行しているが、三菱自動車が発行している優先株の買い戻しの資金が必要となっていた。2010年以降三菱自動車がEV車をPSAに提供する見返りにPSAはディーゼルエンジンの供給を行う。また両社はEV車の普及で協力し、PHV車の共同開発、HV技術の開発協力、技術の相互供与、ロシアでの合弁生産やインドなどでの市場の共同開拓を行うというものであった。この交渉はいくつかの業務提携は実現したものの資金交渉は折り合いがつかず白紙に戻された。

　いずれにせよ、この両社に共通する点は、環境問題を軸とした業界再編成の動きである。スズキも三菱自動車も巨額の環境投資をいかに行うかを1つのカギにして、パートナーの選択を行っているのである。ここに環境問題の重要性と重さが垣間見られる。

（5）中国自動車産業の環境対応

中国のHV車生産概況

　では、中国でのHV車生産はどのような状況にあるのか。2009年になると各社一斉にHV車の生産に乗り出した。

　一汽トヨタは2005年以降トヨタの技術とKDで販売を開始したが、05年125台、06年2248台、07年312台と低迷が続いている。また一汽轎車は2009年にHV車を市場に投入する予定だという。東風ホンダも07年から輸入車の現地販売を開始し、10年からは現地生産を開始するという。このほか、上海GMは08年7月から市場に投入するというし、長安汽車も09年に市場に投入する。奇瑞も08年イギリスのルカルト社と提携してHV車の生産を目指す（FOURIN『中国自動車調査月報』151、2008年10月）。他方、上海汽車は、2005年11月にはガソリンエンジンとニッケル水素バッテリーを備えたHV車を発表、その後06年11月にはガソリンエンジンにリチウムイオンのそれを、08年1月にはガソリンエンジンにニッケル水素を具備したHV車を発表している（『中国自動車調査月報』

162)。

中国 EV 車概況

　注目される動きを見せるのが、中国での EV 車生産である。中国での EV 車の普及は予想を超える早さで広がっている。しかもその生産の担い手が、巨大企業ではなく、省や郷鎮レベルの無数の中小零細企業であることにその特徴がある。かつての電気自転車の自動車版が、現在地方都市中心に拡大しているのである。

　いったいどの程度の EV 車が生産され、販売され、そして所有されているのかは、定かでない。そうした統計データーが無い以上、推計で計る以外には方法はないのである。新聞報道によれば「技術水準には差があるが、50 社以上の EV メーカーがあるとされる」（「日本経済新聞」2009 年 11 月 27 日）という。しかし、著者が 2009 年 9 月調査した中国山東省済南市だけでも 6 社の電動車生産メーカーがあることを考えると、またトップは国有企業からボトムは農業車生産企業までが、4 輪 EV 車や電動 3 輪車、電動オートバイを生産している状況を考えると、その生産台数を正確に把握することは不可能に近いと思われる。

　日米欧と異なる中国での EV 車化の現状と特徴を見た場合、この国で展開されている EV 車化の重層性に注目する必要がある。およそ 3 層の企業群を伴いながら中国での自動車の電動化は進行している。

　1 つは、中国の大企業による EV 車生産の動きである。いわゆる、かつて「三大三小二微」と称された中国を代表する国営自動車企業での EV 車生産の動きである。トヨタ、GM、VW など外資系企業と合弁したこれらの大企業は、豊富な資金力と技術力を駆使してモーターショウに出展するような EV 車を試作・生産している。さらには、民族系と称される奇瑞や吉利、以下で紹介するバッテリーメーカーから自動車部門に参入した BYD などもこの範疇に入るであろう。

　2 つは、省や地方都市を拠点に年 1 万台以下の生産台数をもつ中小自動車メーカーである。これらのなかには 3 輪車やオートバイ、農業車なども併せて生産している場合が少なくない。ここでも EV 車の生産が展開されている。例えば、3 輪車やオートバイ、さらには農業車の EV 化がそれである。

　3 つは、中小零細企業による EV 車生産である。農業車や各種改造車、3 輪車やオートバイで生産に従事している郷鎮レベルの群小企業がこれに該当する。以

下で紹介するＳ有限公司もこの層の上層部分か第２範疇の下層部分に該当しよう。

　ところで、この中国での市場構造は、日本を始め米欧韓のそれと著しく様相を異にする。日本の場合には、EV車のみならず全車種の乗用車は、トヨタを筆頭とする大手企業が日本市場を掌握しており、それ以外の企業が自動車を販売する体制はできていない。僅かに、前述した電動４輪自転車や特種車輌といったニッチな市場で、前述したタケオカ自動車工芸のような企業が活動しているに過ぎない。

　なぜ、中国の場合、こうした広範な範囲で自動車産業が重層的に活動できるのかといえば、それは、EV車の生産がガソリン車と比較して簡単で、他業種からの参入も容易であり、加えて広範な範囲で自動車部品市場が存在し、巨大な部品産業集積がなくとも部品調達が容易で、自動車生産が可能となるからである。

中国自動車市場の重層性

　こうした生産の重層性を生む原因は、中国の都市と農村の著しい乖離にある。中国には２重、３重の重層する市場が存在しており、その分それに応じた供給構造が存在する。中国での都市と農村の人口推移、いわゆる都市化率を見れば、改革開放が始まった1979年時点でのそれは17.9％であったが、28年後の2007年には44.9％へと上昇した。特に1998年の戸籍法の見直しにより、農村から都市への移動が比較的容易になった結果、農村人口の流出と都市人口の増加が顕著となった（FOURIN『中国自動車調査月報』155、2009年２月）。また工業化の進展に伴い都市部、農村部含めてその所得水準に上昇が見られた結果、モータリゼーションの波が所得水準の高い沿岸部でより強く、奥地では沿岸部ほどではないにしても緩やかな形でうまれたのである。

　中国の中でも地域によって都市化の進み具合に濃淡があることは言うまでもない。例えばGDP60％以上の珠江デルタ、長江デルタや50％前後の渤海地区と50％以下の中西部地域では、当然のことながら都市化率に差があるし、１人当たりGDPにも大きな格差が存在する（同上）。したがって、モータリゼーションの進み具合も地域によって大きな差があり、これが自動車市場の重層性を生む基底として存在する。

中国政府の「エコカー」政策

まず第1は、中国政府の「エコカー」開発事業への全面的支援がある。「国家863プロジェクト」がそれで、「エコカー」の開発をめぐる産官学連携を積極的におし進め中国でのEV車開発をいっきょに国際レベルにまでおしあげるものである。

第2は、各企業に対する資金的支援である。特に「エコカー」技術開発の推進のための重点的資金投下が行われており、それによって技術開発は急速度で進みつつある。

第3は、中国13都市を指定し、ここを「エコカー」の実験場として、積極的に「エコカー」政策を進めることである。

中国では2009年以降13の大都市で試験的にHV車、EV車の普及実験を開始した。科技部と財政部が選択した13都市とは北京、上海、重慶、長春、大連、杭州、済南、武漢、深圳、合肥、長沙、昆明、南昌であった。これらの都市では「エコカー」用のインフラを整備し、1都市で1000台以上の「エコカー」を実験的に走行させるというものであった（FOURIN『中国自動車調査月報』161、2009年8月）。

(6) 中国HV車——比亜迪（BYD）

最先端を走るBYD

PHV分野で脚光を浴びた中国企業にBYDがある。BYDは、もともと、電池関連の政府系研究機関に勤務していた王伝福総裁が1995年に創業した2次電池のベンチャー企業である。自動車産業への参入は、自動車メーカーを買収した2003年のことなので、その歴史は浅い。

にもかかわらず、このBYDは、世界の名だたる自動車メーカーを差し置いて、最先端のエコカー分野で脚光を浴びることとなったのである。サブプライム問題に端を発する世界同時不況下で盛り上がりに欠けた2009年1月のデトロイトの北米国際自動車ショウで、唯一存在感を高めたのがBYDが出展した家庭用のコンセントから充電できる世界初のPHV車「F3DM」「F6DM」とEV車「e6」であった。BYDは、2008年12月中国市場で「F3DM」のフリート販売（法人向

けの一括販売）を開始、一般販売をも進めた。PHV 車はトヨタなど日米メーカーも市場投入することを発表していたが、一歩先行した形で具体化させたのである。高級車種の「F6DM」も 2009 年中に中国で発売する。2 車種ともガソリン走行と電気自動車走行が可能で、BYD が独自開発したリチウムイオン電池を搭載する中型セダン車である。ガソリンエンジンに、出力 50 キロワットのモーターと同 25 キロワットの発電機を装備しており、1 回の充電で約 100 キロの走行や最高時速 150 キロが可能だという。価格は、「F3DM」が約 15 万元（約 200 万円）、「F6DM」が 20 万元を予定している。中国の同一セグメントの車よりは割高だが、トヨタが中国で販売している HV 車の「プリウス」の約 26 〜 27 万元よりは安価である。

経営者の履歴

　ではなぜ BYD は、かくも迅速に世界自動車市場に登場できたのか。この問題を解いていくために同社総裁の王伝福の経歴にふれておこう。2009 年時点で 40 歳代の若さの総裁王伝福は、「なぜ BYD が自動車産業へ参入したのか」と問われた時、「自動車自体は所詮は鉄の塊。これを生かすのは、わが社の電池以外にはありえない」と自信たっぷりに答えたと伝えられている。ここに彼の発想の特徴が表現されている。つまりは、車づくりはコンピューターやテレビジョンと大差はない。車を車たらしめているのは、「動く」、「曲がる」、「止まる」という特徴にあるが、その動きに特性をもたらすものが BYD 社の誇る電池だというのである。

　では、彼は車の特性を理解していないのか、といえば必ずしもそうではない。北京大学や清華大学の卒業生がひしめく中国のビジネス界にあって、王は非エリート大学の中南大学（湖南省）出身だが、エリートにはない発想の豊かさと柔軟さを兼ね備えている。冶金物理化学を専門とする技術者である王は、スーツを嫌って作業服を愛用しており、技術専門書が溢れる執務室は、あたかも作業室のようだという。「創造」をモットーに、中国の豊富な労働力を活用し、機械力と人力を組み合わせてコストダウンを図る経営手法は、BYD の国際競争力の源泉だといわれる。

　携帯電話の生産ラインには人力を投入した人海戦術で作業が行われるが、自動

車の生産ラインには、最新鋭の設備が投入されているというのもその一例であろう。こうした携帯電話での高利益を自動車生産に惜しげもなく投入する姿は、かつて豊田佐吉率いる豊田自動織機製作所が、繊維部門の収益を自動車部門に投入した姿にも似ている（トヨタ自動車工業㈱社史編纂委員会『トヨタ自動車20年史』1958年）。また、彼の技術者出身の経営方針は、自動車産業への参入に当たっての金型専門の北京吉駔自動車鋳造有限公司を買収し、北京市にBYD金型有限公司を設立したなかにも現れている。自社で塑性加工をする際に基本となるのが金型技術であることは言うまでもないし、中国有数の家電メーカーのハイアールがまず金型内製化からはじめたように（安室憲一『中国企業の競争力――「世界の工場」のビジネスモデル徹底検証』日本経済新聞社、2003年）、いわば中国製造業の王道的経営手法である。かれは、そうしたものづくりの基本を理解しているのである。

BYDの拡大史

BYDは2003年以降急速な拡大を遂げた（以下、特にことわりのない限り、出典は、2009年8月10日BYD訪問時入手資料及びインタビュー調査結果による）。BYD創立時の1995年の資本金は250万元（約3322万円）、従業員20人でのスタートだった。ニッケルカドミウム電池の生産を軌道に乗せると事業は急成長を続け、リチウムイオン電池、ニッケル水素電池へと生産領域を拡大した。現在リチウムイオン電池のシェアは世界第3位で、携帯電池向けは第1位である。90年代後半に急成長を遂げた中国での典型的企業の1つである。そして前述したように2003年に西安秦川汽車有限公司を買収し、自動車産業への参入を果たした。中国軍事企業グループに所属していた西安秦川は、スズキの生産技術と生産ラインを導入し、中国西北部唯一の中国政府公認の乗用車メーカーとしてスズキの小型車「アルト」を生産していた。しかし2000年代に入ると資金不足から経営困難な状況に陥り、BYDの資金を受け入れたのである。自動車部門参入に際しては金型企業を買収して、その技術を自社内に取り込んで、生産をスタートさせた点は前述したので、ここでは割愛する。その後旧西安秦川のアルトをベースにした主力車種「福菜爾」（Flyer）に続き、日韓の技術を導入した新車種「F2」「F3」を次々と発表した。その後は、HV車の開発に着手し、「F3MD」、「F6MD」を生み出した。

2009年現在、中国全土7ヵ所に工場を持つ。深圳には3つの工場が集中する。

坪山には「F6」生産拠点があり、タイヤ、ガラス以外はすべて内製できる体制になっている。葵涌にはLSD関連の新エネルギー、IT関連の工場があり、宝虎には携帯電話部品、バッテリー生産拠点がある。恵州には本部が、上海にはノキアに納品する携帯電話、バッテリー組立工場があり、北京には金型工場がある。この金型工場はBYDの金型を内製するだけでなく奇瑞、GMにも製品を納入している。そして西安には発祥の地として、「F3」の生産拠点がある。

現在研究機構も急速に拡充しつつある。BYDの開発拠点は、中央研究院、汽車工程研究院、電力科学研究院、電子研究院の4つで、中央研究院の設立を皮切りに、以降自動車技術開発を課題に2003年には汽車工程研究院が、ITや携帯電話、自動車情報技術を中心に2007年には電子研究院が、新エネルギー開発を中心に2008年には電力科学研究院がそれぞれ設立されている。開発要員としては全従業員の約1割に該当する1万3000人が当たっているという。

BYD発展史は、そのまま従業員数、売上額の趨勢にはっきりと現れている。操業当初僅か20名でスタートした従業員数は、以降漸増を遂げる。特に2003年の自動車部門参入と共に2.6万人から04年3.7万人、05年4.7万人と増加し、05年には10万人、07年には12万人へと急上昇した。売上高も操業開始時の2000万元は、03年に40億元に達していたが、以降04年、05年の65億元から06年の129億元、07年の212億元へと急増した。売り上げの中身も電池、携帯部品、自動車に分けた場合、自動車の比率が増加し、07年で見れば、電池が37%、携帯部品が37%、自動車が26%になっていたが、08年には、それぞれ26%、43%、31%となっており、自動車関連の売上比率が着実に上昇していることがわかる。そして今後も自動車の比率の拡大が予想されるのである。

BYDの低価格車実現の内実

BYDが低価格車を生産しうる理由の1つが、長年培ってきた電池事業の高い技術力を自動車事業に転換したため新規開発コストが低廉な点である。現在のEV化やHV化の鍵は、いかに強力で軽量なバッテリーを低価格で開発できるかにあり、BYDはそれに先行して技術開発したのである。そもそもBYDは携帯電話用リチウム電池メーカーとして1995年に設立された。その後急成長を遂げて10年間でIT機器用バッテリーでは国内シェア75%、世界シェアで23%を占

める国内最大手へと成長を遂げた。ちなみに2006年度のBYDの売上高は129億元で、営業利益は14億元であり、売上高の内訳は、バッテリー事業が46億元、携帯電話部品事業が51億元、自動車事業が32億元であった。

　BYDは、この電池技術を基礎に2003年に自動車事業に参画したわけだが、金型工場を除く各部品工場を西安と深圳の工業団地に集中させたことが、低価格車生産の第2の理由であった。BYDの生産拠点は、2003年に西安泰川汽車の株式の77％を買収、BYD汽車を設立、自動車業界に参入したことに始まり、2007年に深圳に生産会社を設立した。「F3」の生産拠点の西安と「F6E6」の生産拠点の深圳というこの2つの完成車組立工場の周辺の工業団地には、北京と深圳に分散している金型工場を除く、4つの生産拠点が集中する配置となっている。つまり深圳の坪山での「F3」生産、同じ深圳の葵浦でのLCD生産、宝豹での携帯電話部品と同バッテリー生産、恵州でのLED、携帯電話組み立てがそれらである。車輌関連は、西安と深圳の2拠点に車体、内装・外装、電子制御、電装、エンジン、ゴム、プラスチックの7ヵ所ずつ、合計14の部品工場が集中しているのである。この結果部品の内製率は約80％という高い比率に達している。つまりは、高度の垂直統合に基づく生産ロジスティックスが形成されているのである。

アメリカ企業からの投資

　BYDの開発には、模倣という面が少なからずある。しかし、開発のスピードと電池の開発技術の高さは、注目に値する。この点に注目したアメリカの著名な投資家のウオーレン・パフェットが関連企業を通じてBYDの新株10％を取得した。BYDは、自動車産業参入時から、2次電池技術を応用したEV車の生産を目指してきたが、パフェットによる投資は、今後はBYDがEV車企業として成長すると踏んだからであろう、と思われる。出資発表と同時に、香港市場に上場するBYD株には買いが殺到し、以降6営業日で、株価は2倍以上に跳ね上がった。

　2007年のBYDは、売上高約212億元（約2817億円）で、うち自動車販売による純利益は前年比22％増の約2億6000万元（約34億5000万円）、グループ内の技術者は1万人に上る。だが、収益に占める自動車関連の比率は16％に過ぎない。

　BYDの現在の主要事業は電池関連だが、世界で環境対応車が浸透していくこ

とを考えれば、自動車部門の比率の増加により、飛躍的な拡大を遂げる可能性は少なくない。

(7) 中国のEV車（Ⅰ）―― S公司

中国での自動車のEV化は、大企業、省や地方都市の中小企業、郷鎮レベルの中小零細企業の3層の重層性を伴いながら進行していることを述べた。そこで、ここでは第2および第3の層に所属する企業に焦点をあてて、その実態を検討してみることとしよう。まず、第2の層の下層か第3の層の上層に属すると想定されるS公司の事例を見てみよう（以下、特にことわりのない限り出典は2009年9月7日S公司訪問時のインタビューデータによる）。

会社概況

創立は2007年である。総経理のCと工場長のWは共に済南に拠点をもつオートバイメーカー済南軽騎の出身だが、07年にそこから独立し会社を興した。設立後わずかしか経過しておらず、その歴史は短い。当初は済南市暦下区でスタートしている。最初は電動バイクの生産を行っていたが、同時に電動4輪車の開発に着手していた。開発や認証取得の早さから判断すると2人はオートバイメーカーの済南軽騎に在籍中、独立の準備をしていたものと想像される。09年4月に済南高新開発区に移転すると同時に増資した。2009年6月までは電動バイクの生産を行っていたが、同月で電動オートバイの生産は打ち切り7月からは4輪EV車の生産を開始した。オーダーメイドで生産しており、受注は7月2台、8月も2台だったが、9月には30台まで増加した。したがって、4輪EV車の生産という点では、いまスタートしたばかりという段階である。2009年度中には済南の輸出加工区に移り、設備を一新、人員を増加して月産100台の本格的稼動体制に入った。

現在の資本金は1000万元（1億3000万円）である。経営に関して出資者から厳しい注文が出されるので、その対応が大変だと総経理は嘆く。総経理のCは山東大学出身で、清華大学の修士を卒業している。現在清華大学博士課程に在籍して、同大学との電気自動車開発に関する協同プロジェクトに従事している。彼

が会社の経営事項に関しては絶対的権限を有している。彼のもとで経理・人事を担当しているのが経理のMで、工場全体の技術面はWが見ているという。

　工場は、道路に面した社屋とその奥に倉庫と作業場が連なり、部品会社から届けられた梱包部品は、作業場で開封され、そこで組み立てられ、部品相互の不具合が調整される。続いて調整を終えた車が道路に面した社屋に移動され、そこで艤装作業が行われる。社屋には、6月まで電気オートバイの生産に使用されていた20メートルほどの生産ラインが2本残されているが、現在は、そこを使って4輪EV車の艤装作業が行われている。

生産方法

　この会社での自動車生産の方法は大別すると3種類に分けられる。

　1つは完成ガソリン車を購入して、これをEV車に改造することである。税法上から有利なEV車に改良する注文は、この種の業界では多いという。2つは、完成車メーカーに特注してエンジンと燃料タンクを抜いて、その代わりにバッテリー枠を設置した特注車を購入して、これに購入してきたモーター、バッテリーを加えてEV車を作るケースである。3つは、部品市場で部品を購入してそれを組立てるという手法である。

　第1、第2の方法は、基本的にはガソリン車の改造版を作ることである。その生産方法は、完成車を購入してきてエンジンを電動機に変換する方法でEV車を生産している。したがって、工場内にプレス機や工作機械の列を期待するとすれば、それは失望に終わるはずである。我々の自動車つくりのイメージとは全く異なる生産方法を用いている。工場の20メートルほどの生産ラインには台車が置かれ、その台車の上には購入してきた完成車が置かれている。それをライン上でエンジン、フォイールタンクなどをはずし、外部から購入してきたモーターとバッテリー、モーターの電子式制御器を取り付け、後はそれに付随した計器類やワイヤーハーネスを取り替えれば完成ということになる。したがって、在庫はゼロである。

　第3の方法は、部品市場から各種部品を購入し、それを組立てて1個のEV車を生産する手法である。日本では、アフターマーケット市場は発達していないが、中国ではこの種の市場が実によく発達している。済南にはこの手の市場が5ヵ所

あり、うち4ヵ所は一般の購買者にも開放された小売市場だが、残り1ヵ所はメーカー向け卸売り市場だという。ここから部品を購入し、顧客のニーズに応じた車を組立てるのである。

部品の調達

この会社の第3の方法の場合には、内製品はなく、全て部品は、済南の部品市場から調達してくるのである。部品は、1000cc以下、1000ccから2000cc、2000ccから3000cc、3000cc以上に分かれた標準品になっている。この市場には、大企業に部品を納入しているTier1企業から横流しされた部品もあれば、コピー部品もあるといった具合で千差万別である。したがって、安全基準も無ければ型式設定もない。あるのは、価格との兼ね合いで市場へのニーズに応えるという基準だけである。S有限公司の場合には、まずモノコック・ボディを購入する。一般にモノコックは前部と後部に分けられて売られており、購入者や顧客ニーズに合わせて好みのものを購入する。前部と後部に分けてしまえば、もはや完成品ではなく自動車部品である、という分類である。多くの場合、市場にはモジュール業者がいて、この業者が顧客の注文に応じて市場で部品を取り揃えて注文者に一括送りつけてくる。したがって、注文すれば、こうしたモジュール業者は、ボディ、ドア、ルーフ、トランク・カバー、ランプ、ブレーキを含む車軸セットなどをワンパッケージにして注文者の下に送りつけるのである。もっとも重要部品のうちコントローラは済南市場から調達しているが、電動機とバッテリーは上海市場から購入している。バッテリーも品質にこだわらなければ済南市内の市場から購入することもある。

開発

この企業は、大学関係機関と共同開発を実施している。バッテリーに関しては、清華大学自動車工程学部と協力して同大学の燃料電池技術の産業化開発に協力している。これは、「国家863プロジェクト」の一環で実施しているものである。また、モーターに関しても強力なモーターの開発を南京機電研究所と実施している。また変速システムに関しては、自動変速機を自主開発することで、電力によるパワー不足を補い、急な坂も登坂することが可能となってき

ている。さらにブレーキに関しても清華大学自動車研究センターとの共同開発で、ブレーキエネルギーを充電する装置を開発している。

(8) 中国のEV車（Ⅱ）——五征集団

五征集団企業概要

次に農業車企業のEV化の動きをみてみよう（以下、特にことわりがない限り、出典は、2009年9月9日五征集団訪問時に入手したデーターに依る）。ここでとりあげる五征集団公司は、時風集団に次ぐ中国の代表的な農業車生産企業である。「台数的には時風にトップを譲るが品質的には中国トップ」（胡乃芹副総経理）と自称するだけに、同社を代表する主力3輪車「五征奥羊」に自信を示す。公称資本金3000万元、総資産額20億元、従業員数は約1万1000人。主な生産品は、「五征奥羊」に代表される3輪車だが、それ以外に農業用トラクター、耕運機、トウモロコシやジャガイモ収穫機などの農業機械、さらには小型、中型トラック、乗用車、SUV、電気自動車など多彩な分野に及ぶ。しかしあくまでも主力は、3輪車で、徐々に小型トラックや農業機器に軸足を移す動きを見せ始めている。輸出先は、欧米諸国のアメリカ、ドイツ、フランスやオーストラリアなどの先進国とイランやエジプト、アルバニア、アンゴラ、コンゴ、パラグアイ、ペルーなどの発展途上国の合計30ヵ国に及ぶ。

2008年度では各種自動車合計47万台を生産・販売し、売上高69億元を記録した。2009年上半期では、29万台、55億元を売り上げており、2009年度売上額は80億元に達し、サブプライム問題を跳ね除けて内需主体に生産、売上台数共に増加させている。

企業簡史

ここでごく簡単に五征の歩みを紹介しておこう。五征の前身は1962年に設立された五蓮県トラクター・ステーションにある。1984年以降3輪車の生産を開始した。しかし生産、販売共に軌道に乗らず、製品に競争力がなかったため、1998年には経営危機に陥り、国家経済貿易委員会から不振企業とレッテルを貼られる状況だった。しかしこれを機会に民営化を断行し、2000年に国営企業か

ら民営企業へと転換し、企業内改革を実施した結果、企業内に活力が生まれ始めた。さらに2005年には浙江飛蝶を買収して自動車分野に参入、09年には山東トラクター工場を買収して農業機器分野へと参入した。五征集団は2001年から05年まで第1次5ヵ年計画を立案し、企業規模の拡大、競争力の強化を目標に掲げ、これに向けて全社あげての努力が展開された。続いて06年から10年までの第2次5ヵ年計画が立案されたが、そこでは近代的企業への脱皮、2010年までの売上高136億元達成、中国機械業界上位10社入りが目標に掲げられていた。2009年において、同社の順位は30位であるからこの目標達成には、かなりの隔たりがあることが分かろう。現在は、3輪車を中心に農業車のEV化を推し進めている。

生産工場

五征集団は、山東省を中心に5つの製造事業部、7つの子会社、持ち株会社1社を有している。まず五征小型車公司だが、当公司は総投資1.5億元で、2003年12月に操業を始めた。現在2つの陰極電気詠動（electrophoresis）塗装生産ライン、3つの溶接生産ライン、1つの総組み立て生産ライン及び1つの高基準自動車テストライン、慣らし運転車道を有し、主に小型トラックを生産し、現在年生産量10万台の規模になっている。主な製品はブランド名が「奥馳」、「福瑞莱」、「福爾達」、「福臨門」、「金運来」といった小型トラックである。第二工場は2005年3月に操業を開始し、現在1つの総組み立てライン、1つの塗装ラインを有し、主に低速貨物自動車を生産しているが、その年生産台数は10万台である。このほか五徴農業装備公司は2005年3月に操業を開始し、現在トラック総組み立てライン、リヤー・アクスル組み立てライン、車体塗装ラインなど5つの生産ラインを持っている。主に中小型トラック、積載機、大型田灌漑機、トウモロコシ収穫機、ジャガ芋収穫機等400種類あまりの機種を生産し、それらの年生産能力は10万台（セット）である。また、五徴車両子会社は総投資額が1億元で、2005年4月に操業を始めた。現在3輪自動車と低速貨物自動車塗装ライン、3つの総組み立てラインを持ち、年間低速貨物自動車と3輪汽車30万台を生産している。五徴車体工場は1999年に設立され、五徴の貨物自動車、3輪自動車運転室、車体の専門メーカーとなっている。現在、押しぬき作業場、車体作業場、溶接作

業場の3つの作業場を持つほか、押しぬき、車体溶接など10の生産ラインを持っている。主に自動車運転室、車体、トラックカバー等を生産し、合計200種類以上の部品の生産が可能だが、2009年時点で、年間30万台（セット）の生産能力を保持している。また青島に隣接する日照市には2001年創立されたコントローラや充電装置生産ライン、モータ生産ラインなどを有し年産5万台のEV車を生産する日照五征電気自動車公司があり、また同じ日照市には09年5月に操業を開始した自動車組立とアクスル生産ラインを有する日照五征アクスル工場がある。このほか、05年に買収した浙江飛蝶自動車製造有限公司が操業しているが、この会社は1955年に設立された古い工場で、現在はSUV乗用車、中小型トラックなどを生産している。

購買政策

　五征集団のサプライヤー数は合計で165社にのぼる。しかしそのうち恒常的に取引があるサプライヤー数は90社である。さらに取引額が年間5000万元を上回る企業は19社である。取引企業はすべて中国企業で、日米欧の外資系企業との取引関係はない。その購買政策は、見積書を提出させて落札する方式を採用しているが、前記トップ19社とは恒常的取引関係を持続している。

製品開発

　五征集団は、2000年に技術センターを設立し、本格的な技術開発に着手した。当技術センターは、04年には山東省経貿委から「省級認定企業技術センター」の、07年には「山東省重点企業技術センター」の称号を受け、文字通り五征集団の開発の中心的役割を果たし始めた。2009年9月現在で、スタッフ数は658人であり、うち研究開発人員は542人、テスト担当者は102人、事務スタッフは14人である。従業員総数は1万1000人なので、研究開発員の比率は6％弱ということになる。スタッフのうち修士および博士の総数は78人である。

　開発関係での産学連携は山東大学、吉林大学、山東理工大学、中国農機院との間で行なわれている。また吉林大学、山東大学との間では五征吉大技術センター、山大五征機械研究院を開設し共同で院生の教育を実施している。また山東大学、西南交通大学、華南農業大学との間ではデーター処理、企画、注文シス

テムの共同開発や応用システムの開発に着手しているのである。

人材の確保

この間五征集団は、外部からの人材導入を行なっている。まず第一汽車、第二汽車、河北農科院から10名以上のスタッフを招聘し専門部局を固めたのを手始めに、米国のフォードから3名の開発設計の専門家を副総経理として迎えている。1人はフォードの高級技術者の張顕傑で、2007年3月に五征集団に入社、五征集団副総経理兼自動車設計研究院総責任者のポストにある。同じくフォードの高級エンジニアだった劉湧泉も、2009年現在五征集団副総経理兼自動車設計研究院院長の職にあり、フォードの品質管理のスペシャリストだった劉新新も五征集団副総経理兼自動車設計研究院副院長に就任している。このほか河北省農業機械科学研究院で技術部門に所属していた籍俊傑も2009年には五征集団に移籍し、五征集団農業装備会社研究所の所長に就任している。このように、主に開発技術や品質管理を中心に外資系企業や政府機関から人材をスカウトして必要な技術の修得に務めているのである。なお五征集団には日本人技術者は勤務していない。

販売システム

五征集団は全国的販売ネットワークを有しており、取次販売店数は944ヵ所に及ぶ。販売代金の支払いは現金払い（Delivery on 100% cash payment 方式）を採用しており、買手が前金を支払ってから生産を開始し、出荷前に残金を徴収するシステムを採用している。代金回収で苦しんだ経験はないという。

中国EV車生産の特徴

中国EV車生産で特筆すべきは、巨大外資合弁企業でのそれではなく、中小ベンチャー企業や農業車生産メーカーの動きであろう。ここで我々が検討したように、こうした中小ベンチャー企業や農業車メーカーは無数に存在し、EV車生産に従事しており、その生産の方式も実に多様で、そこから作り出されるEV車も千差万別で、国家の規制はあってなきに等しい状況である。しかし、こうした中小零細企業の作り出すEV車が中国の巨大市場の過半を占めるが故に、彼らが中国自動車市場動向を決定的に左右する可能性が高いのである。

終章 日本的生産システム対アジア的生産システム

(1) アジア的生産システム

　2000年代初めまで日本的生産システムの効率性と高品質性を疑うものはいなかった。日本的生産システムは、アジア各国の自動車企業にとっては学習の対象であって、それを克服する新しい生産システムの誕生を予測したものはいなかった。しかし2009年以降になるとそれに対抗して新たなアジア的生産システムの萌芽がアジア各国の中で芽吹きはじめた。それは、インドでのタタの「ナノ」の出現であり、中国での奇瑞の「QQ」、BYDの「F6」の出現であり、韓国の「ソナタ」、「エラントラ」の出現だった。

　「ナノ」は、デザインインの伝統的クルマ作りの手法を踏襲しつつも思い切ってインドをはじめとする開発途上国向け市場に適合する開発設計を心掛けて10万ルピー、約20万円での廉価車の開発・設計・生産・販売に成功した例である。中国の奇瑞の「QQ」も廉価車だったが、その生産手法は「ナノ」とは異なっていた。開発から生産までかなりの部分をアウトソーシングすることで、開発費を節約し、主要部品を外部供給に依存するかたちで廉価車の生産にめどをつけた。またバッテリー企業のBYDは、果敢にHV車やEV車に挑戦して、世界に先駆けてPHV車販売を手がけたという先進性をブランドにあっという間に中国市場で、そのシェアを拡大した。また中国市場では、EV車を中心に日米欧韓では見られない全く新しい生産方式である、市場から標準化された部品を購入してきて組み立てるというコンピューター生産と類似した新EV車生産方法が広がり始めているのである。人口で中国市場全体の10分の8近くを占める農村市場で、EV化の動きが出てきていることに注目する必要がある。「悪貨が良貨を駆逐する」

というグレシャムの法則ではないが、農村部の EV 車がやがて都市を包囲して中国を代表する自動車のタイプとなる日が来ないとも限らない。

　韓国でも新しい動きは着々と進行している。韓国ではヨーロッパ発のモジュール生産を韓国の条件に合わせて国際化させている点に最大の特徴をもつ。即ち、現代 MOBIS というモジュール生産を実施する総合的メーカーを育て上げたことである。初期の段階では単なるアフターマーケット市場向け部品供給企業にすぎなかったが、やがてモジュール組立企業となり、さらには研究開発機能も有する巨大 Tier1 企業へと成長し続けているのである。この企業は、貧弱だった韓国部品企業を再編成しながら育成していく役割を果たすと同時に、部品の品質管理を現代自動車とともに行うことで、品質管理のダブルチェック機能を果たしたのである。しかも海外進出する場合には、かならず現代自動車に随伴進出して行動し、現代自動車の部品供給と現地企業の選択を行うというように、育成の要の位置を占めているのである。したがって、現代 MOBIS が第 2 の現代自動車的役割を演じて、現代自動車の品質管理、地場企業の発掘、教育、情報管理に大きな役割を演じているのである。

　これらアジアのなかで育ちつつある各国の文化事情を反映した独特の車づくりの手法を日本企業はどのように受け止めているのであろうか。

(2) 日本的生産システム──トヨタシステムの「改善」方策

　こうしたアジア各地で展開される新しい生産システムでの廉価車生産の動きに対して、日本の自動車企業はいかなる対応をしているのだろうか。トヨタ生産方式に代表される日本の生産システムは、日本国内で経験豊富かつ技術水準の高い部品メーカーに支えられている限り大きな問題は生じない。したがって、日本国内で乗用車を生産し輸出している限り高品質・高性能の車作りは保証される。問題が生じるのは日本的生産システムが海外展開した場合である。しかもアジアへ展開した場合には、上記のようなアジアで起こりつつあるアジア的生産システムで生産された廉価車といかに対抗するかが重要な課題となる。海外でもコストダウンは不可避だが、容易に現地部品を使用することができず、日本におけるようにカーメーカーと部品メーカーとの「すり合わせ」ができるわけではない。

勢い、両者の調整が「阿吽の呼吸」でできる国内とは異なり、困難を極めることとなる。通常の場合であれば、要所要所に日本人技術者をおいて管理することも可能であろうが、海外展開のテンポが急な場合には、どうしてもそこに齟齬が生じざるを得ない。この点から品質漏れが発生し、やがては大量リコールの原因となる。2009年から10年にかけて発生したトヨタのリコール問題の本質はそこにある。この問題を克服するには、日本人要員を育成して配置することが必要なのだが、彼らを養成するには時間がかかる。むしろいかにそれを組織的に支えるかが重要であろう。韓国では現代MOBISが現代自動車とともにダブルチェックで部品の品質管理や現地の優秀な地場企業を発掘・育成しているといわれるが、日本の場合にも各カーメーカー主導で主要部品メーカーをネットワークした総合的品質管理・Tier1、Tier2の地場企業発掘・育成の総合的機構を早急に作る必要がある。ある韓国企業を訪問した際、インドの日本企業がめだたぬ優秀地場メーカーの発掘、育成に失敗したという事例を数多く見たと述べていた。日本企業が取りこぼした優秀メーカーを韓国企業がかわって育てたという事例を聞いたことがあった（インタビュー・ソウルS社、2010年2月25日）。日本的生産システムをそのまま現地に適応するのではなく、日本には無い条件を補うためのカーメーカー、部品メーカーを縦・横に連係する地場企業対策総合機構作りが早急に必要なのである。

(3) EV車の発展の可能性

アジア地域で大きな変化が生まれる可能性が大きいのはEV車の生産である。自動車のEV化が都市部よりは農村部で展開されていることに注目する必要がある。しかもその生産は、従来のカーメーカーと部品メーカーとの固い絆と共同作業でなされるのではなく、ある程度標準化された部品市場からの部品の調達とその組み立てという生産システムにより簡単におこなわれるという実態がある。著者が調査した山東省の済南地区でも5つの部品市場があり、従業員100人未満の零細のカーメーカーが数十社ひしめきあっているという話をヒヤリングで聞いた。実際に訪問してみると自動車工場というよりは、どちらかと言えば自動車修理工場という雰囲気であるが、それでも月産数十台のEV車を生産しているので

ある。しかも政府が認可していないEV車でも堂々と公道を走行しており、それを目撃した警察官がまったく取り締まらないという中国独特の状況を理解する必要がある。もし、こうした状況が拡大するならば、農村発のEV車が今後ますます増加し、やがては品質改良を遂げながら都市部まで販路を拡大し、中国を代表する国民車の1つを形成するかもしれないのである。

参考文献

日本語文献

青木昌彦・安藤晴彦（2002）『モジュール化――新しい産業アーキテクチャの本質』東洋経済新報社

アリス・タイコーヴァ、モーリス・レヴィ・ルボワイエ、ヘルガ・ヌスバウム編（鮎沢成男、渋谷将、竹村孝雄監訳）（1991）『歴史のなかの多国籍企業――国際事業活動の展開と世界経済』中央大学出版部

石川和男（2009）『自動車のマーケティング・チャネル戦略史』芙蓉書房出版

石田光男・富田義典・三谷直紀（2009）『日本自動車企業の仕事・管理・労使関係――競争力を維持する組織原理』中央経済社

いすゞカーライフ（1991）『いすゞカーライフの30年』

いすゞ自動車株式会社社史編集委員会（1988）『いすゞ自動車50年史』

伊丹敬之（1994）『日本の自動車産業――なぜ急ブレーキがかかったのか』NTT出版

板谷敏弘・益田茂（2002）『本田宗一郎と井深大――ホンダとソニー、夢と創造の原点』朝日新聞社

植田浩史（2004）『現代日本の中小企業』岩波書店

奥村宏・星川順一・松井和夫（1965）『現在の産業　自動車工業』東洋経済新報社

小尾美千代（2009）『日米自動車摩擦の国際政治経済学――貿易政策アイディアと経済のグローバル化』国際書院

門田安弘（1989）『実例　自動車産業のJIT生産方式』日本能率協会

上山邦雄（2009）『巨大化する中国自動車産業』日刊自動車新聞社

株式会社ふくおかフィナンシャルグループ・財団法人九州経済調査協会（2008）『地場企業の自動車産業への新規参入事例研究』

カヤバ工業株式会社（1986）『カヤバ工業50年史』

カルソニックカンセイ株式会社社史編纂委員会（2000）『輝きつづけて――カンセイ43年のあゆみ』

カルソニック株式会社50年史編纂委員会（1988）『世界企業への挑戦――日本ラヂエーターからカルソニックへの50年』ダイヤモンド社

カルソニック株式会社経営企画室（1999）『日本の自動車部品工業の歩みと将来展望』

河村能夫（2001）『中国経済改革と自動車産業』昭和堂

木野龍逸（2009）『ハイブリッド』文春新書

黒瀬直宏（2006）『中小企業政策』日本経済評論社

クレイトン・クリステンセン（伊豆原弓訳）（2000）『イノベーションのジレンマ――技術革新が巨大企業を滅ぼすとき』翔泳社
河野英子（2009）『ゲストエンジニア――企業間ネットワーク・人材形成・組織能力の連鎖』白桃書房
具承桓（2008）『製品アーキテクチャのダイナミズム――モジュール化・知識統合・企業間連携』ミネルヴァ書房
久保鉄男（2009）『ビッグスリー崩壊』株式会社フォーイン
小林英夫（1975）『「大東亜共栄圏」の形成と崩壊』御茶の水書房
小林英夫（2000）『日本企業のアジア展開――アジア通貨危機の歴史的背景』日本経済評論社
小林英夫（2001）『戦後アジアと日本企業』岩波新書
小林英夫（2003）『産業空洞化の克服――産業転換期の日本とアジア』中公新書
小林英夫（2004）『日本の自動車・部品産業と中国戦略――勝ち組を目指すシナリオ』工業調査会
小林英夫・大野陽男（2005）『グローバル変革に向けた日本自動車部品産業』工業調査会
小林英夫・竹野忠弘（2005）『東アジア自動車部品産業のグローバル連携』文眞堂
小林英夫・太田志乃（2007）『図解　早わかり BRICs 自動車産業』日刊工業新聞社
小林英夫・丸川知雄（2007）『地域振興における自動車・同部品産業の役割』社会評論社
小林英夫（2008）『BRICs の底力』ちくま新書
小林英夫・大野陽男・湊清之（2008）『環境対応　進化する自動車技術』日刊工業新聞社
小宮和行（2009）『自動車はなぜ売れなくなったのか』PHP 研究所
坂崎善之（2003）『ホンダの遺伝子――受け継がれる創業者・本田宗一郎の精神』大和出版
佐々木烈（2009）『日本自動車史』Ⅰ・Ⅱ　三樹書房
佐藤正明（2009）『ザ・ハウス・オブ・トヨタ――自動車王 豊田一族の 150 年』上下　文春文庫
佐藤芳雄（1976）『寡占体制と中小企業――寡占と中小企業競争の理論構造』有斐閣
ジュームス・P・ウォマック、ダニエル・ルース、ダニエル・T・ジョーンズ（沢田博訳）（1990）『リーン生産方式が、世界の自動車産業をこう変える』経済界
四宮正親『日本の自動車産業――企業者活動と競争力：1918〜70』（1998）東洋経済新報社
下川浩一（1977）『米国自動車産業経営史研究』東洋経済新報社
下川浩一（1992）『世界自動車産業の興亡』講談社現代新書
下川浩一（2006）『「失われた十年」は乗り越えられたか――日本的経営の再検証』中

公新書
下川浩一（2009）『自動車ビジネスに未来はあるか？――エコカーと新興国で勝ち残る企業の条件』宝島社新書
下川浩一（2009）『自動車産業危機と再生の構造』中央公論新社
社団法人自由人権協会（2009）『国産自動車メーカーのCSR報告書に対する評価（2008年度）』
周政毅・周錦程・山本聖子・陳君紅・太田直樹（2009）『中国を制す自動車メーカーが世界を制す』株式会社フォーイン
鈴木修（2009）『俺は、中小企業のおやじ』日本経済新聞出版社
鈴木自動車工業株式会社40年史編纂委員会（1960）『40年史：1920年～1960年』
鈴木自動車工業社史編集委員会（1970）『50年史』
鈴木自動車工業（株）経営企画部広報課（1990）『70年史』
鈴木直次（1991）『アメリカ社会のなかの日系企業――自動車産業の現地経営』東洋経済新報社
住商アビーム自動車総合研究所（2008）『自動車立国の挑戦――トップランナーのジレンマ』英治出版株式会社
関満博（1993）『フルセット型産業構造を超えて――東アジア新時代のなかの日本産業』中公新書
総合研究開発機構（1995）『米国製造業の復活に関する調査研究――米国自動車産業復活の10年と日本の課題』総合研究開発機構
ダイヤモンド社（1969）『日本ラヂエーター――熱交換器の専門メーカー』ダイヤモンド社
土屋勉男、大鹿隆（2000）『日本自動車産業の実力――なぜ自動車だけが強いのか』ダイヤモンド社
東京三菱ふそう二十年の歩み編纂委員会（1984）『東京三菱ふそう二十年の歩み』
出水力（2002）『オートバイ・乗用車産業経営史――ホンダにみる企業発展のダイナミズム』日本経済評論社
トヨタ自動車株式会社（1987）『創造限りなく――トヨタ自動車50年史』
トヨタ自動車工業株式会社（2009）『トヨタ自動車20年史』上下復刻版
永礼善太郎・山中秀雄（1961）『日本の産業シリーズ　自動車』有斐閣
中村甚五郎（1985）『アメリカの自動車会社ビッグ3の復活――GM・フォード・クライスラー』白楽
中村静治（1953）『日本自動車工業発達史論』勁草書房
中村静治（1983）『現代自動車工業論――現代資本主義分析のひとこま』有斐閣
西田通弘（1983）『語りつぐ経営――ホンダとともに30年』講談社
日刊自動車新聞社（1997年以前は日産自動車編集）『自動車産業ハンドブック』各年版

日刊自動車新聞社・日本自動車会議所『自動車年鑑ハンドブック2002～03年版』日刊自動車新聞社

日刊自動車新聞社・日本自動車会議所（2003）『自動車年鑑ハンドブック2003～04年版』日刊自動車新聞社

日産自動車株式会社社史編纂委員会（1975）『日産自動車社史　1964-1973』

日産自動車株式会社創立50周年記念事業実行委員会社史編纂部会（1985）『日産自動車社史　1974-1983』

日産自動車販売株式会社（1990）『50年のあゆみ』

日本自動車工業会（1997）『日本自動車産業の歩み』日本自動車工業会

日本自動車工業会『日本の自動車工業』各年版

日本ラヂエーター株式会社創立40周年記念誌編纂委員会（1979）『大いなる飛翔――日本ラヂエーター株式会社40年史　最近10年の歩み』

野村正實（1993）『トヨティズム――日本型生産システムの成熟と変容』ミネルヴァ書房

橋本寿朗（1996）『日本企業システムの戦後史』東京大学出版会

橋本輝彦（1988）『国際化のなかの自動車産業』青木書店

原田健一（1995）『米国自動車産業躍進の戦略――ふたたびアメリカに学ぶ　五大改革で世界のリーダーへ』工業調査会

ピーター・ウィッキンス（佐久間賢監訳）（1989）『英国日産の挑戦――「カイゼン」への道のり』東洋経済新報社

平木秀作（2003）『国際協力による自動車部品相互補完システム』溪水社

FOURIN（2007）『中国の自動車部品産業』

FOURIN『欧州自動車部品産業』『北米自動車部品産業』各年版

および『中国自動車調査月報』『アジア自動車調査月報』各月版

藤樹邦彦（2001）『変わる自動車部品取引――系列解体』エコノミスト社

富士重工業株式会社社史編纂委員会（1984）『富士重工業三十年』

富士重工業株式会社編集委員会（2005）『富士重工業技術人間史』三樹書房

藤本隆宏、キム・B・クラーク（1993）『製品開発力――自動車産業の「組織能力」と「競争力」の研究』ダイヤモンド社

藤本隆宏、武石彰（1994）『自動車産業21世紀へのシナリオ――成長型システムからバランス型システムへの転換』生産性出版

藤本隆宏（1997）『生産システムの進化論――トヨタ自動車にみる組織能力と創発プロセス』有斐閣

藤本隆宏、西口敏広、伊藤秀史編（1998）『サプライヤーシステム――新しい企業間関係を創る』有斐閣

藤本隆宏（2003）『能力構築競争――日本の自動車産業はなぜ強いのか』中公新書

藤本隆宏（2004）『日本のもの造り哲学』日本経済新聞社

藤本隆宏、新宅純二郎（2005）『中国製造業のアーキテクチャ分析』東洋経済新報社
藤原貞雄（2007）『日本自動車産業の地域集積』東洋経済新報社
W・マイヤー＝ラルゼン編者（1981）『ヨーロッパは日本車に轢かれてしまう　日本自動車産業を徹底探求せよ　西独シュピーゲル誌緊急レポート』（馬渕良俊訳）日本工業新聞社
松井幹雄（1988）『自動車部品』日本経済新聞社
丸川知雄（2007）『現代中国の産業——勃興する中国企業の強さと脆さ』中公新書
丸山恵也（1994）『アジアの自動車産業』亜紀書房
丸山恵也・小栗崇資・加茂紀子子（2000）『自動車—— 21 世紀に生き残れるメーカーはどこか』大月書店
丸山恵也・趙亨濟（2000）『比較研究　日韓自動車産業の全容』亜紀書房
丸山恵也（2001）『中国自動車産業の発展と技術移転』柘植書房新社
三井逸友（1995）『EU 欧州連合と中小企業政策』白桃書房
三菱自動車工業株式会社総務部社史編集室（1993）『三菱自動車工業株式会社史』
御堀直嗣（2009）『電気自動車が加速する！——日本の技術が拓くエコカー進化形』株式会社技術評論社
向壽一（2001）『自動車の海外生産と多国籍銀行——メインバンクの変容と多国籍概念の変容』ミネルヴァ書房
桃田健史（2009）『エコカー世界大戦争の勝者は誰だ？——市場・技術・政策の最新動向と各社の戦略』ダイヤモンド社
森本雅之（2009）『電気自動車——電気とモーターで動く「クルマ」のしくみ』森北出版株式会社
山崎修嗣（2003）『戦後日本の自動車産業政策』法律文化社
山崎修嗣（2010）『中国の自動車産業』丸善株式会社
ロジャー・ローウェンスタイン（鬼澤忍訳）（2009）『なぜ GM は転落したのか——アメリカ年金制度の罠』日本経済新聞出版社
若松義人・近藤哲夫（2001）『トヨタ式生産力——「モノづくり」究極の知恵』ダイヤモンド社
渡辺幸男（1997）『日本の機械工業の社会的分業構造——階層構造・産業集積からの下請制把握』有斐閣

英語文献

Coase, R. H. (1988) *The firm, the market, and the law*, Chicago: University of Chicago Press

Hutchins, D. and Sasaki, N. (1984) *The Japanese approach to product quality: its applicability to the West*, Oxford: Pergamon Press

Liker, J. K. and Hoseus, M. (2008) *Toyota culture, the heart and soul of the Toyota way*, McGraw- Hill

Lillrank, P. and Kano, N. (1989) *Continuous Improvement: Quality Control Circles in Japanese Industry*, Ann Arbor: Center for Japanese Studies, The University of Michigan

OICA(International Organization of Motor Vehicle Manufactures)HP 〈http://www.oica.net/〉

Williamson, O. E. (1996) *The Mechanisms of Governance*, New York: Oxford University Press

Williamson, O.E. and Winter, S. G. (1991) *The nature of the firm: origins, evolution, and development*, New York: Oxford University Press

中国語文献

楊彪武(2008)『奇瑞奇跡』中国言実出版社

古清生(2009)『中国：新汽車王国』上海大学出版社

国務院発展研究中心産業経済研究部・中国汽車工程学会・VW(2009)『中国汽車産業発展報告』社会科学文献出版社

中国汽車工業協会(2009)『中国汽車工業年鑑2009年版』中国汽車工業年鑑期刊社

中国汽車工業協会(2009)『中国汽車工業月度統計摘要』各月版

中国汽車工業協会(2009)『中国汽車工業改革開放30周年回顧与展望(1978-2008)』中国物質出版社

国務院弁公庁(2009)『汽車産業調整和振興計画』

韓国語文献

한국자동차공업협동조합 〈http://www.kaica.or.kr〉

한국자동차공업협동조합『한국자동차산업편람 2009』

한국자동차공업협회 〈http://www.kama.or.kr/〉

あとがき

　2008年から09年にかけては、自動車産業の「100年に一度」の受難と年であったと言えなくもない。サブプライム・ローン問題に端を発した世界同時不況の影響を受けて世界の自動車・同部品産業は大きな変化に見舞われたからだ。しかし「ピンチの時がチャンス」とはよくもいったもので、この機会に急速に力を伸ばし世界の自動車市場のトップに上り詰めた国もある。言うまでもないことだが、それは中国である。中国の躍進は目覚ましく、生産・販売ともに世界の最先端を行く伸びを示したのである。

　他方、日本は、と言えば、北米市場不況を正面から受けて減産を余儀なくされ、新興中国市場では伸び悩み、国内での需要減を合わさって、多くの困難な課題を露呈するにいたった。この危機をどう乗り越えればいいのか、その対応策を歴史的淵源にまでさかのぼって究明したのが本書であり、その目的のために本書を執筆した。その課題がよくなしえたか否かは、読者の厳しい判定をまた待たざるを得ないが、著者の意図はそこにあった。

　本書は、これまで著者が発表してきた既発表論文をもとに、新たな書き下ろし論文を合わせて作成したものである。既発表論文を挙げれば以下のとおりである。

　序章　書き下ろし
　第1部
　第1章・第2章　小林英夫・大野陽男『グローバル変革に向けた日本自動車部品産業』の第1章を基に新たに書き下ろした。
　第2部
　第1章　「自動車部品産業が地方を活性化させる」(『エコノミスト』2007年4月3日)「日本自動車産業と地域産業振興」(『早稲田大学日本自動車部品産業研究所紀要』第1号　2008年8月)、小林英夫・丸川知雄『地域振興における自動車・同部品

産業の役割』社会評論社、第1章小林英夫執筆を基に新たに書き下ろした。

第2章　「世界の自動車業界を変えるインド車『ナノ』の衝撃」(『エコノミスト』2008年3月4日)、「存在感を増すアジア・メーカー　着実に力をつけるインド・タタ、中国奇瑞汽車」(『エコノミスト』2008年9月30日)を基に新たに書き下ろした。

第3章　「不況下の中国広東省広州地区における日本の自動車部品産業——ブレーキメーカーを中心に」(『早稲田大学日本自動車部品産業研究所紀要』第2号2009年2月)を基に新たに書き下ろした。

第3部

第1章　小林英夫・大野陽男・湊清之編著『環境対応　進化する自動車技術』日刊工業新聞社、2008年のプロローグを加筆修正した。

第2章　「中国BYDの恐るべきスピード経営　リチウムイオン電池革命」(『エコノミスト』2009年2月24日)、「部品メーカー『系列』離れ、新興国に出よ　技術流失への対応」(『エコノミスト』2009年6月23日)、「電気自動車生産システムの事例研究——日中国際比較」(『早稲田大学日本自動車部品産業研究所紀要』第3号　2009年11月)を基に新たに書き下ろした。

終章　書き下ろし

既発表論考を基に書き下ろした原稿に新たな完全書き下ろし稿を加えて1冊の書にまとめたというのが本書成立の経緯である。

本書作成に当たっては、多くの方々の支援とアドバイスを受けた。特に故大野陽男氏から頂いたさまざまな知識や助言は、私の研究の原点を形成する上で大きな示唆となった。その大野さんは2010年1月突然逝った。共著者としてその一部を書き直しのうえ新著に加える許可もいただけぬまま大野さんは旅立ってしまった。いまはただ心からご冥福をお祈りする次第である。なお、本書作成に当たっては、大野さんのほかに、早稲田大学日本自動車部品産業研究所客員教授の小枝至氏、自動車部品工業会専理事の高橋武秀氏、㈶日本立地センター主催の研究会で地域振興を議論した、東京大学大学院経済学研究科准教授の天野倫文氏、東北学院大学経営学部准教授の折橋伸哉氏、㈶九州経済調査協会調査研究部主任研究員の平田エマ氏、日産自動車㈱渉外部部長の安田克明氏、㈶日本立地セ

ンターの徳増秀博、高野泰匡、加藤譲の3氏から多くのご助言をいただいた。また早稲田大学日本自動車部品産業研究所客員研究員の中島武、兼村智也の両氏、早稲田大学アジア太平洋研究センター特別研究員の金英善氏、早稲田大学大学院アジア太平洋研究科博士課程の Karn Prativedwannaikij、堤一直の両氏、同修士課程院生諸氏、ほかここに逐一お名前はあげないが、私の研究活動を支えてくださった多くの方々に感謝したい。とりわけ、ともすれば怠けがちになる私を叱咤激励してくださって、刊行まで導いてくれた社会評論社の新孝一氏には厚くお礼を申し上げる。

　最後に本書は2009年度早稲田大学総合研究機構の出版助成を得て刊行されたものであることを一言お礼とともに添えて結語としたい。

2010年3月

小林英夫

小林英夫（こばやしひでお）

1943年生まれ。東京都立大学大学院社会科学研究科博士課程修了。早稲田大学大学院アジア太平洋研究科教授。
著書に『日本企業のアジア展開――アジア通貨危機の歴史的背景』（日本経済評論社、2000年）、『戦後アジアと日本企業』（岩波新書、2001年）、『産業空洞化の克服――産業転換期の日本とアジア』（中公新書、2003年）、『日本の自動車・部品産業と中国戦略――勝ち組を目指すシナリオ』（工業調査会、2004年）、『グローバル変革に向けた日本自動車部品産業』（共著、工業調査会、2005年）、『東アジア自動車部品産業のグローバル連携』（共著、文眞堂、2005年）、『図解　早わかりBRICs自動車産業』（共著、日刊工業新聞社、2007年）、『地域振興における自動車・同部品産業の役割』（社会評論社、2007年）、『BRICsの底力』（ちくま新書、2008年）、『環境対応　進化する自動車技術』（共著、日刊工業新聞社、2008年）ほか。

アジア自動車市場の変化と日本企業の課題

2010年3月31日　初版第1刷発行
著　者＊小林英夫
装　幀＊後藤トシノブ
発行人＊松田健二
発行所＊株式会社社会評論社
　　　　東京都文京区本郷2-3-10
　　　　tel.03-3814-3861/fax.03-3818-2808
　　　　http://www.shahyo.com/
印刷・製本＊株式会社技秀堂

Printed in Japan